创意服装设计系列

丛书主编 李 正

服装
面料基础与再造

陈丁丁 岳满 李正 编著

化学工业出版社

·北京·

内容简介

本书主要以服装面料基础与再造概述、服装面料再造的设计原则、服装面料再造的设计灵感、服装面料再造的表现手法、服装面料再造设计实例分析以及基于服装面料再造的服装设计实践案例共六个章节进行系统的阐述。本书在讲解角度与实践应用等方面进行了大胆创新，同时选取海量的经典案例和优秀实例，以文配图，图文并茂，步骤详尽，以独特的视角进行分析、讲解。本书有助于读者在了解面料基础的概况和特点的同时，掌握一定的面料再造方法、技巧，为服装设计专业的学习奠定基础。

本书可作为高等院校服装专业教学用书，也可供服装设计、面料设计等相关从业人员以及广大服装爱好者学习和参考。

图书在版编目（CIP）数据

服装面料基础与再造／陈丁丁，岳满，李正编著．—北京：化学工业出版社，2021.6（2024.2重印）

（创意服装设计系列／李正主编）

ISBN 978-7-122-38640-3

Ⅰ．①服… Ⅱ．①陈… ②岳… ③李… Ⅲ．①服装面料－高等学校－教材 Ⅳ．①TS941.41

中国版本图书馆CIP数据核字（2021）第039119号

责任编辑：徐 娟　　文字编辑：李 曦　　封面设计：刘丽华

责任校对：李 爽　　装帧设计：中图智业

出版发行：化学工业出版社（北京市东城区青年湖南街13号 邮政编码100011）

印　　装：涿州市般润文化传播有限公司

787mm×1092mm　1/16　印张10　字数200千字　2024年2月北京第1版第4次印刷

购书咨询：010-64518888　　售后服务：010-64518899

网　　址：http://www.cip.com.cn

凡购买本书，如有缺损质量问题，本社销售中心负责调换。

定　　价：68.00元

序

常态下人们的所有行为都是在接收了大脑的某种指令信号后做出的一种行动反应。人们先有意识而后才有某种行为，自己的行为与自己的意识一般都是匹配的，也就是二者之间总是具有某种一致性的，或者说人们的行为是受意识支配的。我们所说的意识支配行为又叫理论指导实践，是指常态下人们有意识的各种活动。艺术设计思维是艺术设计与创作活动中最重要的条件之一，也是艺术设计层次的首要因素，所以说“思维决定高度，高度提升思维”。

“需求层次论”告诉我们一个基本的道理：社会中的人类繁杂多样各不相同，受文化、民族、宗教、地缘气候与习性等因素的影响，无论是从人的心理方面研究还是从人的生理方面研究，人们的客观需求与主观需求都有很大的差异。所以亚伯拉罕·马斯洛提出人们有生理需求、安全需求、社交需求、尊重需求、自我实现需求五个不同层次的需求。尽管人们对需求层次论有各种争议，但是人类的需求层次存在差异性应该是没有异议的，这里我想说明艺术设计思维也是具有层次差异性的，每一位艺术设计师必须牢牢记住这个基本的问题。

基于提升艺术设计思维的层次，我们的团队在一年前就积极主动联系了化学工业出版社，共同探讨了出版事宜，在此特别感谢化学工业出版社给予本团队的大力支持与帮助。2017 年我们组织了一批具有较高成果显示度的专业设计师、研究设计理论的学者、艺术设计高校教师等近 20 人开始计划、编撰创意服装设计系列丛书。

杨妍老师是本团队的骨干，具体负责本系列丛书的出版联络等事项。杨妍老师认真负责，做事严谨，在工作中表现得非常优秀。她刻苦自律，参与编著了《服装立体裁剪与设计》《服装结构设计与应用》，本系列丛书能顺利出版在此要特别感谢杨妍老师。

作为本系列丛书的主编，我深知责任重大，所以我也直接参与了每本书的编写。在编写中我多次召集所有作者召开书稿推进会，一次次检查每本书稿，提出各种具体问题与修改方案，指导每位作者认真编写、完善书稿。

本次共计出版 7 本图书，分别是：岳满、陈丁丁、李正的《服装款式创意设计》；陈丁丁、岳满、李正的《服装面料基础与再造》；徐慕华、陈颖、李潇鹏的《职业装设计与案例精析》；杨妍、唐甜甜、吴艳的《服装立体裁剪与设计》；唐甜甜、龚瑜璋、杨妍的《服装结构设计与应用》；吴艳、杨予、李潇鹏的《时装画技法入门与提高》；王胜伟、程钰、孙路苹的《服装缝制工艺基础》。

本系列丛书在编写工作中还得到了王巧老师、王小萌老师、张婕设计师、张鸣艳老师以及徐倩蓝、韩可欣、于舒凡、曲艺彬等同学的大力支持与帮助。她们都做了很多具体的工作，包括收集资料、联系出版、提供专业论文等，在此表示感谢。

尽管在编写书稿的过程中我们非常认真努力，多次修正校稿再改进，但本系列丛书中也一定还存在不足之处，敬请广大读者提出宝贵的意见，便于我们再版时进一步改进。

苏州大学艺术学院教授、博导　李正

2020 年 8 月 8 日　于苏州大学艺术学院

前　言

服装面料在服装设计中占有举足轻重的地位，它不仅能够影响服装生产以及加工工艺的选择，对服装款式的造型风格也有很大的影响。在当今社会，审美因时代的发展也在发展和改变、加工工艺日新月异、设计理念不断创新，这些都对服装设计提出了新的要求，也带来了新的机遇。在服装廓形与结构变化相对饱和的情况下，面料作为服装设计中具有无限可能的重要元素，成为服装设计中创新的重要部分。服装设计师通过对服装面料进行二次设计，重塑面料风格，以提高服装面料的视觉效果与审美价值。

本书对于新技术以及新材料在当今服装面料上的运用和创意设计灵感元素的提取进行了详细介绍，并且对设计理论与技法进行了科学系统的梳理，以便培养读者的系统学习能力。

本书共六章，主要以培养、挖掘读者的创造性思维为主线，系统完整地介绍了服装面料创意设计的背景、灵感素材的寻找与摄取、表现手法、作用等。为了充分打开读者的思路，发散设计思维，本书采用图文并茂的方式，结合读者的认知习惯进行编辑排版，方便读者理解和记忆，使读者能够尽快掌握服装面料创意设计的基本知识以及运用方法，增强读者的就业适应能力。

本书在充分借鉴、吸纳前人和同行已有成果的基础上，结合多年的课堂和实践教学经验，由陈丁丁、岳满、李正编著，苏州大学艺术学院的孙路苹、孙欣晔同学为本书搜集了大量的文献与图片资料；汪璐、徐文洁、李佩炫同学花费了大量的时间协助校稿，在此一并表示感谢！

本书是一本适应性极强的图书，既可以作为各类服装院校的专业教材，也可以作为广大服装爱好者、手工爱好者的参考用书。为了高质量完成本书，编著者投入了大量的时间与精力，不断讨论与修改。但由于编著者学识所限，本书的撰写还存在诸多不足，期待得到各位专家、读者的批评指正。

编著者

2020 年 9 月

目录

目 录

第一章
服装面料基础与再造概述

随着社会的不断发展，服装行业也在各个方面不断突破、推陈出新，而唯有不断开拓创新，服装企业才能在日益激烈的竞争中站稳脚步。服装面料作为服装设计的主要元素之一，承载着设计师对于设计作品的表达，面料再造设计越来越受到设计师的关注和青睐。面料再造设计是根据市场发展研究出来的适应社会发展的新兴技术，是通过对面料进行二次设计达到更好的视觉效果，以提升产品的美学价值与质感。本章将具体阐述服装面料的基础与再造。

第一节　服装面料基础概述

服装以面料制作而成，面料就是用来制作服装的材料。作为服装三要素之一，面料不仅可以诠释服装的风格和特性，而且直接左右着服装的色彩、造型的表现效果。

一、服装面料的分类

在服装大世界里，服装的面料五花八门，日新月异。但是从总体上来讲，优质、高档的面料，大都具有穿着舒适、吸汗透气、悬垂挺括、视觉高贵、触觉柔软等几个方面的特点。

现代正式的社交场合所穿着的服装，多选用优质的混纺面料。而纯棉、纯毛、纯丝、纯麻等天然面料因为有着易皱、易变形等天然面料的缺点，已经沦为一般布料，较少作为高档服装用料。混纺面料有着天然面料吸汗透气、柔软舒服的特点，又吸收了化纤面料结实耐穿、悬垂挺括、光泽好、颜色鲜亮等优点，每年有大量的高档优质混纺面料被开发出来。一般服装面料按织造方法分为两大系列：梭织面料和针织面料。

1. 梭织面料

梭织面料主要用于服装的外衣和衬衣。它是织机以投梭的形式，将纱线通过经、纬向的交错而组成，其组织一般有平纹、斜纹和缎纹三大类。此类面料因织法经纬交错而牢固、挺括、不易变形，从组成成分来分类包括棉织物、丝织物、毛织物、麻织物、化纤织物及它们的混纺和交织织物等。梭织面料在服装中的使用无论在品种上还是在生产数量上都处于世界领先地位，广泛用于各种高档服饰。梭织服装因其款式、工艺、风格等因素的差异在加工流程及工艺手段上有很大的区别（图 1-1）。

图 1-1　梭织面料在服装上的应用

2. 针织面料

针织面料即是利用织针将纱线弯曲成圈并相互串套而形成的织物，主要用于内衣和运动系列服装。针织面料与梭织面料的不同之处在于纱线在织物中的形态不同。针织分为纬编（weft knitted fabric）和经编（warp knitted fabric）。针织面料广泛应用于服装面料及里料（图 1-2）、家纺等产品中，受到广大消费者的喜爱。

图 1-2　针织面料在服装上的应用

二、常用的服装面料品类

服装面料一般常用的有毛类、棉类、丝类、化学纤维类、皮革类、麻类等。不同的服装面料有着不同的特点。

1. 毛类服装面料

毛类服装面料一般以羊毛为主，但也有兔毛、骆驼毛，甚至化学纤维毛等原料（图 1-3）。具有弹性佳、抗皱、耐穿耐磨、保暖的特性，是最理想的冬季面料。主要由毛料纯度、毛料原料来源、毛料纤细度、手感等方面决定。缺点是因为含有动物蛋白，毛料容易引起虫蛀，保存起来要比较注意。

2. 棉类服装面料

棉类服装面料的优点是透气性与吸湿性良好，是很实用的大众化面料，且无论纯棉或混纺棉都很舒适，价格也实惠，是市面上最常见的面料（图 1-4）。另外，棉也是最不容易引起过敏的面料。

图 1-3　毛类服装面料

图 1-4　棉类服装面料

3. 丝类服装面料

丝类服装面料是面料中的高档品种，其主要材料为蚕丝。轻薄、柔软、滑爽是其穿着舒适的主要原因，而独有的光泽感则是其价格不菲的原因。由于其华丽而高贵的质感与特性，对缝纫技术的要求很高（图 1-5）。缺点与毛料相同，含有动物蛋白，易引起虫蛀，保存需注意。

4. 化学纤维类服装面料

化学纤维类服装面料拥有牢度大、弹性好、耐磨耐洗、易保存等优点，是许多功能性衣物不可或缺的材料。另外，化学纤维也能根据设计需求，加工成不同程度的长度、性能等，提供更多元化的面料可能性（图 1-6）。缺点是其不属于天然材料，因此跟塑料一样在分解问题上并不环保，受热也容易变形。

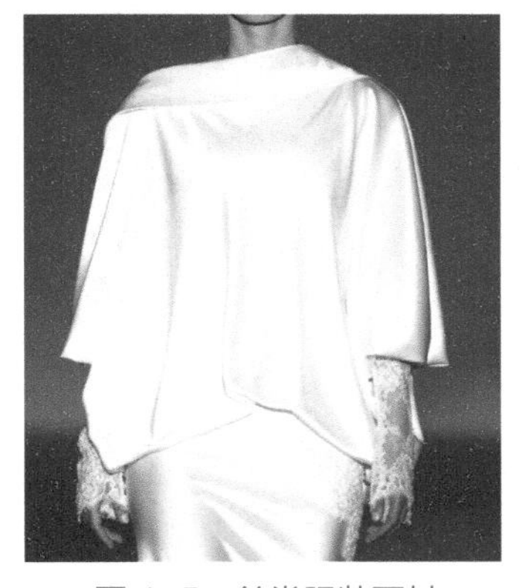

图 1-5　丝类服装面料

图 1-6　化学纤维类服装面料

5. 皮革类服装面料

各种经过鞣制加工的动物皮，以及人造皮都属于这类。动物皮要经过鞣制，是为了防止皮变质。动物皮根据取皮的位置、柔软度以及原生动物的稀有度，来决定其价格。皮革类服装面料具有保暖、防风防水的特点。缺点是透气性很差，表面容易留下刮痕（图 1-7）。

6. 麻类服装面料

麻类服装面料的优点是凉爽与透气性佳，其质地硬韧粗犷的特点也独具风格，是很理想的夏季面料。缺点是容易起皱、粗糙，难以保持平整（图 1-8）。

图 1-7 皮革类服装面料

图 1-8 麻类服装面料

三、不同材质服装面料的造型特点

1. 柔软型服装面料

柔软型服装面料一般较为轻薄、悬垂感好、造型线条光滑，服装轮廓自然舒展。柔软型服装面料主要包括织物结构疏散的针织面料和丝绸面料以及软薄的麻纱面料等。柔软的针织面料在服装设计中常采用直线形的简练造型体现人体优美曲线；丝绸、麻纱等面料则多见松散和有褶裥效果的造型，表现面料线条的流动感（图 1-9）。

图 1-9 柔软型服装面料

2. 挺爽型服装面料

挺爽型服装面料线条清晰有体量感，能形成丰满的服装轮廓。常见的有棉布、涤棉布、灯芯绒、亚麻布和各种中厚型的毛料与化纤织物等。该类面料可用于突出服装造型精确性的设计，例如西服、套装的设计（图 1-10）。

3. 光泽型服装面料

光泽型服装面料表面光滑并能反射出亮光，有熠熠生辉之感。这类面料包括缎纹结构的织物。最常用于晚礼服或舞台表演服中，产生一种华丽耀眼的强烈视觉效果。光泽型面料在用于表演场合的礼服上时造型自由度很广，可有简洁的设计也可做出较为夸张的造型（图 1-11）。

图 1-10 挺爽型服装面料

图 1-11 光泽型服装面料

4. 厚重型服装面料

厚重型服装面料厚实挺括，能产生稳定的造型效果，包括各类厚型呢绒和绗缝织物。其面料具有形体扩张感，不宜过多采用褶裥和堆积，设计中以 A 型和 H 型造型最为恰当（图 1-12）。

5. 透明型服装面料

透明型服装面料质地轻薄而通透，具有优雅而神秘的艺术效果。它包括棉、丝、化纤织物等，例如乔其纱、缎条绢、化纤的蕾丝等。为了表达面料的透明度，常用线条自然丰满、富于变化的 H 型和圆台型设计造型（图 1-13）。

图 1-12 厚重型服装面料

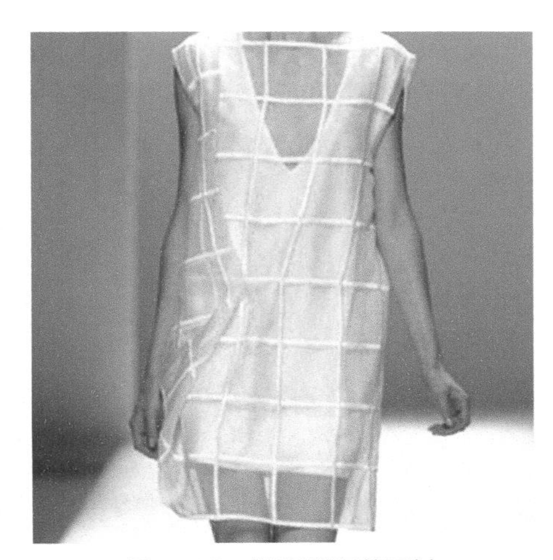

图 1-13 透明型服装面料

第二节　服装面料再造概述

服装面料再造又称为面料二次设计，是指根据设计需要，通过工艺手段以及设计方法对成品面料进行二次或二次以上处理，使之产生新的艺术效果，从而提升原有面料的肌理、质感、色彩等方面特性的一种设计方法。它是设计师思想的延伸，具有无可比拟的创新性。面料是服装设计的重要组成部分。面料的二次设计相对于服装面料的一次设计而言，提升了服装及其面料的艺术效果，它不仅是简单地运用工艺手段，更重要的是运用现代造型观念和设计意图对主题进行深化构思。在此过程中要注重市场的流行动态，以市场接受为原则，讲究形式美感即二次设计中的重复、韵律、节奏、平衡、特异、体积感、运动感、对比和协调等规律的运用，给消费者带来愉悦的视觉感受。

面料是服装设计中最基本的要素，服装的材质可以靠面料来体现，也是衡量服装设计是否成功的关键因素。面料的独特性质影响着服装设计的整体效果，而对于服装设计工作者来说如何选择面料，极大地影响着该工作的开展。时尚、舒适、面料、潮流、色彩以及款式等是服装必须讲究的要素，一个也不能缺少。面料作为服装设计三大要素之一，面料的功能性、艺术性以及协调性使服装设计的艺术价值得到提升，更好地将服装的美学色彩展现出来。

服装面料的再造设计是突破传统的面料材料和技法，在不受约束的设计思维下，使用非传统服装面料和再造技法进行创新的设计。作为服装设计的重要组成部分，服装面料再造设计不同于一次服装面料设计，其主要特点在于服装面料再造设计要结合服装设计同时进行，如果脱离了服装设计，它就只是单纯的面料艺术。因此，服装面料再造设计应该充分考虑服装的类型和特点，再对面料进行选择以及再造设计，并且充分地发挥出面料的功能，进而使面料的存在价值得到提高。服装面料再造设计需要了解面料的性能和特点，保证其具有舒适性、功能性、安全性等特征的同时，结合服装设计的基本要素和多种工艺手段，强调个体的艺术性、美感和装饰内涵。服装面料的再造设计改变了服装面料本身的形态，增强了其在艺术创造中的空间地位，它不仅是服装设计师的设计理念在面料上的具体表现，还能使面料形态通过服装表现出巨大的视觉冲击力。

图 1-14　服装面料再造设计中的视觉艺术效果

服装面料再造设计所产生的艺术效果通常包括视觉效果、触觉效果和听觉效果。视觉效果是指人用眼睛就可以观察到的面料艺术效果，如Moschino（莫斯奇诺）品牌运用数码印的面料再造设计，将日常所看到的标尺当作印花图案，具有很强的视觉冲击力（图 1-14）。

图 1-15　服装面料再造设计中的触觉艺术效果

触觉效果是指人通过手或肌肤就能感觉到的面料艺术效果，使用不同的材质有不同的触觉效果。例如华伦天奴在 2020 春夏秀场中运用柔软的羽毛做面料再造设计，在丰富面料层次感的同时也使服装的触感更加轻盈柔软（图 1-15）。不同的服装面料材质有着不同的触感，棉纤维天然扭曲，具有柔软的触感；麻纤维和木质纤维手感粗糙、硬爽等。得到多种触觉效果的方法很多，如采用不同材质的面料进行拼接；利用抽绳或绗缝使面料表面形成褶皱或者重叠；也可在服装面料上添加细小物质，如珠子、羽毛、亮片、绳带等，形成新的触觉效果；或采用不同的工艺手法来制造不同的触觉效果。

听觉效果是指通过人的听觉系统感觉到的面料艺术效果。这种基于听觉效果的面料再造设计可以分为面料自身所产生的声响、饰物本身所产生的声响以及饰物和饰物之间产生的声响。一般来说，如果一种织物的硬度越高，它发出的声音也会越大。例如丝绸，它给人的印象大都是顺滑的，但不少丝绸面料织物相互碰撞能够产生丝鸣的声音，也就是摩擦系数越大的丝绸面料发出的声响也越大。有些丝绸的硬度较弱，但是通过一定的手段，比如把丝绸放在熨斗上经过高温熨烫，或者可以在上面添加织物化学剂从而改变丝的硬度，使丝织物和丝织物之间相互摩擦，发出声响，产生出不同的心理感受。而服装面料再造设计也可以使很多发声的饰品出现在面料上，例如铃铛、微型钟等通过一定的技巧将其装饰在服装面料上，使其发出声响。而饰物与饰物之间的声响在服装面料设计中也十分常见。能够通过摩擦和碰撞发出声响的饰物很多，例如金银、钢铁、玻璃等材质。设计师可以根据服装以及设计的需要通过立体绣、悬挂、缀饰等手法将其与面料相结合，从而丰富面料的内涵，满足设计需要。如 FENGSANSAN·冯三三 2018 春夏时装发布会中，设计师将非物质文化遗产苗族银饰锻制技艺与中国传统文化相结合，在柔软的针织材质上加以苗族代表性的银饰，以及其碰撞出的清脆声，将民族风的纯粹与孩子的童趣表现得淋漓尽致，体现出服装面料再造设计的听觉效果（图 1-16）。

图 1-16　服装面料再造设计中的听觉艺术效果

视觉效果、触觉效果和听觉效果这三种效果之间是互相联系、互相作用，可以共同存在的。它们在服装面料再造设计中是相辅相成、不可分割的整体，它们使人对服装审美的感受不仅仅局限于以往的平面方式，而且更满足了人的多方面感受需求。

一、服装面料再造的历史与现状

纵观历史长河，随着人类的诞生，服装是人类生活中最密切、最重要的组成部分之一，是人类历史衍生、演变、发展的体现。而从服装本身来看，服装的面料又是服装艺术表现的基础和演绎的源泉，服装艺术发展的轨迹与服装面料再造发展的轨迹是一致的，两者同步同联、互促并存。

1. 国内的历史与现状

（1）国内服装面料再造的历史

若追溯中国面料再造设计的起源，深居洞穴的原始人类便以动物的兽皮（图 1-17）、草和树皮（图 1-18）等动植物材料作为人类的最初服装面料。此后，随着生产力和生产水平的不断提高，人类不断地对服装面料进行探索改进，寻找新的材料。在新石器时代，原始人就能用麻、葛植物中的韧性材料进行纺纱和织布了。

图 1-17　穴居人的兽皮衣物

图 1-18　原始人类用树叶、树皮等作为服装面料

据史书记载，夏朝已经有一套服饰、色彩和纹样制度。在殷商时期就开始出现用刺绣装饰的服装面料，此时以刺绣的手法对面料进行加工和设计已然是中国早期面料再造设计的多种手段之一了。到了西周，在其服饰制度中，最重要的是冕服制，有相应的纹样即十二章纹相配，即根据官员职位的高低在服装上刺绣不同的纹饰，例如日、月、星辰、群山、龙等。

经济的繁荣促进了秦汉时期纺织业的发展，纺织技术的较高水平促成了各种织、绘、印、绣等工艺的进步，开始出现彩色提花织锦、绒圈锦等织物，以对称均衡、动静结合等手法形成了规整、有力度的面料装饰风格。相传汉成帝时期由于皇后赵飞燕的推动，民间出现了百褶这一面料设计的手法，更是极大地丰富了早期面料设计的手法。

绉纱是一种容易被忽略的织物，汉代利用加强拈的纱线在受潮后产生自然的褶皱这一规律，有意识地用强拈的丝线来织成纱，然后浸水使之收缩而起皱从而制出绉纱。在长沙马王堆三号汉墓出土的素绢裙上的四块浅绛色绉纱，就是用这种方法织造的（图 1-19）。当时，称呼其为“縠”（hú）。可见，在汉代时候已经出现了水洗的面料再造工艺。

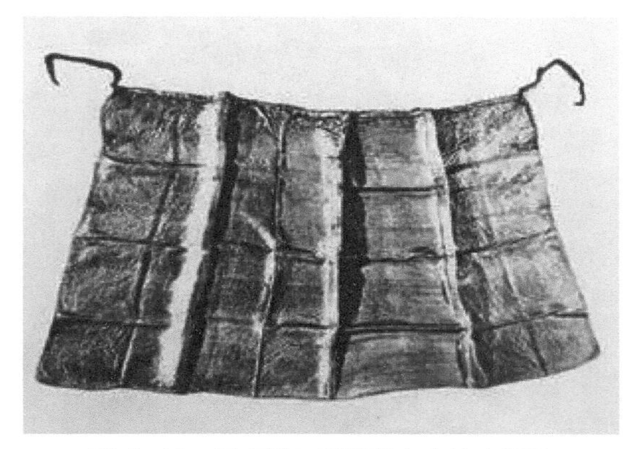

图 1-19　马王堆三号汉墓出土的素绢裙

唐代处于中国封建社会的鼎盛时期，随着其生产力以及生产技术不断发展和进步，社会风尚有了更为丰富的表现形式，促进了服装文化的长足进步。华丽厚重的织锦织物、薄如蝉翼的罗纱织物（图 1-20）、轻盈变色的羽毛织物、自然朴实的丝棉交织品、粗犷厚重的粗毛呢、多彩相间的晕锦、蓝白等色相融的蜡染、精致高贵的刺绣等，这些无不体现了唐代追求服装面料高品质的审美情趣。除面料本身质地的丰富外，唐代人还注重平面材质之间的配置和装饰，如仕女装中薄纱中隐隐透出织锦的纹样和质地，产生朦胧之美；在唐装衣襟、前胸、后背、袖口等部位的平面质地上运用绣、缋、挑、补等手段产生独具特色的不同风格纹样的肌理效果；唐代妇女裙子有用两色以上的料子拼制的“间裙”（图 1-21），还有集各种飞禽羽毛织成百鸟之状的“百鸟毛裙”。可见，唐代服装面料丰富的质地以及不同材质面料艺术性的配搭，成就了服装面料设计史的辉煌（图 1-22）。此时的面料设计已经开始在材料的选择上有所创新，织绣的线已经不单单是棉线、绒线，开始掺杂金银丝和动物羽毛捻成的丝线，蜡缬、绞缬、夹缬等形式都逐渐走向成熟。

图 1-20　唐代服饰中的面料再造

图 1-21　唐代服饰中用两色以上的面料拼制的“间裙”

图 1-22　穿百褶裙的唐代妇女

到了宋代，刺绣作为面料设计的基础手法之一，不但广泛运用在官服的制作上，甚至宫廷还开设了相关的刺绣机构，由此可见其服装材料工艺的发展和朝廷的重视程度（图 1-23、图 1-24）。

图 1-23　宋代刺绣菊花图样

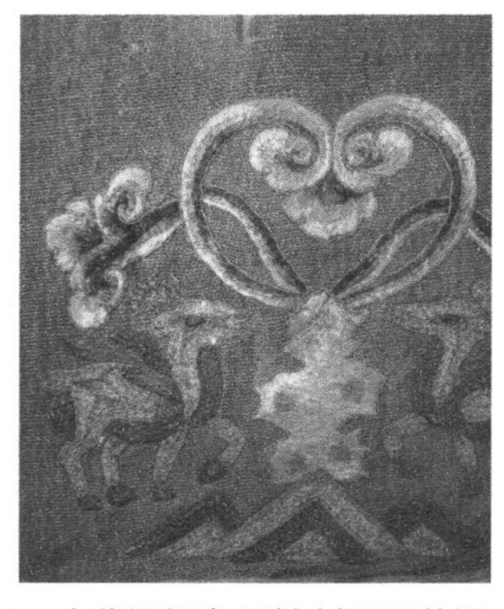

图 1-24　宋代辽褐色罗地刺绣团花裙（局部）

元朝建立后，在北方民族的统治下，汉族的农业文明和草原民族的游牧文明得到了更为直接的融合和互补。把金线织入锦中而形成特殊光泽效果的锦缎类织物有了空前的发展，这种加金的锦缎类织物被称为织金锦，也叫纳石失。织金锦在元代妇女服饰面料中非常重要，常用以显示身份与地位（图 1-25）。

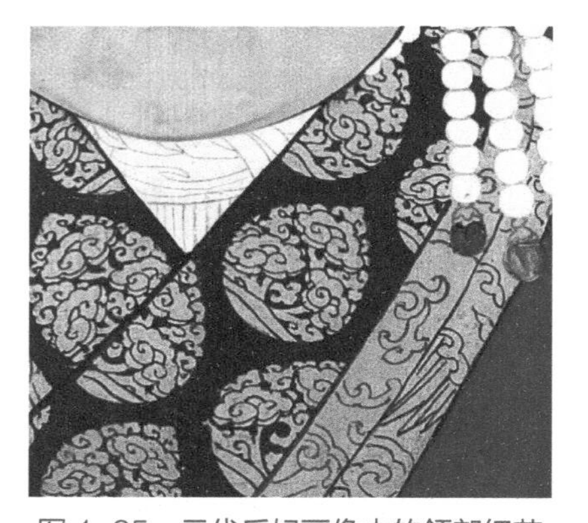

图 1-25　元代后妃画像中的领部细节

明代提倡节俭，万历年后水田衣盛行（图 1-26）。将各种不同材质、色彩的面料运用拼接的手法拼成一块完整的面料，因整件服装织料色彩互相交错、形如水田而得名。水田衣是普通妇女的服饰，有着极其丰富和强烈的视觉效果，是传统刺绣无法实现的。

图 1-26　明朝时期用不同面料拼接的水田衣

满族人入关后建立的清王朝，废除了明朝的服制，保持着满族的服饰特色，但沿用了明朝的补子。发展至清朝中后期，除了服饰纹样的极大丰富外，衣服的镶绣也变得越来越繁复。清朝王公贵胄对服饰极尽精致奢华的追求推进了丝纺绣染及各种手工技艺的发展，缂丝、妆花、刺绣、镶滚工艺达到鼎盛（图 1-27）。可见清朝时期服装面料设计的工艺和技术之成熟与受重视程度。有些工艺甚至流传至今，为世人传诵赞叹（图 1-28）。

图 1-27　清康熙缂丝鹤补子
注：27.9cm×27.9cm，现藏美国大都会艺术博物馆

图 1-28　孔雀羽穿珠彩绣云龙吉服袍

（2）国内服装面料再造的现状

到了近代，辛亥革命推翻了封建统治，建立了中华民国，在社会的变革和西方思想的影响下，审美以及着装的观念开始改变，服装也必须适应现代化的需求，更多地适应和满足日常生活的需要。对于不同职业以及需求的人群，产生了与之对应的服装，例如功能性服装，这类服装对于面料以及设计的要求更针对的是服装本身的功能性，包括具有科学技术功能的、在特殊环境下具有防护作用的服装。服装面料材质的研究与发展逐渐成为设计师对于服装探寻的重心。

到了 21 世纪，越来越多的中国设计师走向世界，东西方思想的碰撞（图 1-29）给中国设计师带来更多灵感的同时，西方设计师也开始挖掘博大精深的中国文化和精湛工艺。现代机械化的大批量生产给人们带来了诸多便捷之处，在服装面料再造设计上也带来了手工无法达到的效果。设计师们将秀场变成自己对于服装材料实验成果的发布会（图 1-30）。他们不断地探求在服装面料上的创新与变化，通过材质和工艺的突破创新，带来新的面料质感，从而得到更加具有突破性的设计。

图 1-29　某品牌发布会中将中国的旗袍元素和面料再造工艺运用在系列服装设计中

图 1-30　笔者在中国国际时装周的发布会上展示运用现代服装面料再造工艺设计的服装（作者：陈丁丁）

2. 国外的历史与现状

（1）国外服装面料再造的历史

将目光投向中国之外，面料设计也有不同的表现形式。以古罗马为代表的强大帝国，其服装以人为中心，面料随着人体的变化而变化，服装多以悬垂、多折的线条来表现人体的自然曲线，面料质感的厚、薄、轻、重直接反映在服装上（图 1-31）。而在古埃及，褶皱作为重要的服装元素，体现了古埃及人对于服装面料设计最初的方式与理解（图 1-32）。除此之外，他们开始在服装面料的表面用珐琅、宝石等材料装饰，其形式一直影响到现代的设计师，这表明了当时古人已有对面料外观进行塑造的意识。

图 1-31　古罗马服饰运用褶皱来表现人体的自然曲线

图 1-32　古埃及服饰

在欧洲，宝石和珍珠等作为面料再造的材料，在拜占庭时期也有一席之地、与古埃及只是悬挂或者装饰在面料表面不同，拜占庭时期已经开始将这些材料与复杂的刺绣工艺相结合，使这些复合材料可以牢靠地固定在面料之上。中世纪是人类服装面料发展的重要阶段，面料种类随着生产力的提高而不断丰富，麻料已不能满足服饰的要求，所以西方服装面料种类上大量融入了中国华丽昂贵的丝绸和锦帛、印度美丽迷人的棉丝品、欧洲的法兰绒以及各种高级金银珠饰和民间的织带。拜占庭服装面料最大的特点是掺有金线一起织成的布料或用金属线合织的布料，再点缀上珍珠与宝石，这就是典型的拜占庭服装面料（图 1-33）。而到了 12 ~ 14 世纪哥特式时期，达官贵妇们的服装面料多以刺绣、镶嵌珠宝、毛皮饰边等外观装饰来体现其富丽华美的贵族之气，追求辉煌灿烂的效果（图 1-34）。

图 1-33　拜占庭时期服装面料多用金属线合织的布料，再点缀上珍珠与宝石等装饰

图 1-34　哥特式时期服装面料上运用动物皮草、蕾丝、刺绣、褶皱工艺

文艺复兴时期，服装面料在外观形态上注重立体造型，其表现手法出现了切口装饰、填充装饰和领部装饰（图 1-35）。文艺复兴时期男子装束是上重下轻，呈倒三角形。上半身壮硕，肩部夸张，下半身是霍兹——俗称“紧腿裤”。这样两条下肢的外形轮廓会表现得淋漓尽致。袖子和肩部也都塞满了填充物。15 世纪左右服装出现新立体造型的“切口”装饰形式，其风格是全身衣饰遍布的切口，露出内衣麻料的质地，与表面富丽华美的外衣形成鲜明的对比。14 ~ 15 世纪后，由于经济繁荣，农业、商业、手工业的发展，东方文化的融入，欧洲服饰发生了许多改变。贵族与平民的服装有了明显的不同，服装的款式发生变化，衣料品种也多样化起来。据《巨人传》记载，中世纪衣料有绸缎、丝毛混纺、呢绒、大马士革呢、条呢、金线缎、各种皮毛；服装款式有大衣、外套、外罩、上装、短装、衬衫、短披，女装还有连衫长裙、晚礼服等；饰物有念珠、指环、链条、宝石、钻石、珍珠、玛瑙等。服装力求摆脱古老习俗，追求时兴。东方服饰中的装饰和纽扣被欧洲人吸收，男士外套上排一列纽扣或宝石，甚至内衣纽扣也用宝石作为纽扣装饰。

到了 16 世纪，服装面料尤为富丽堂皇，各种面料如霞似锦，面料的花边珠饰遍布全身。以西班牙服饰最为典型，其不仅在平面材质上艳丽精美，而且在面料立体造型上创造出一种“皱领”（图 1-36），有的是层层叠叠的薄纱花边堆成，有的是丝带的轮状围绕，透过其忽明忽暗的缝隙，体现了古典与华丽的面料外观艺术风格。

图 1-35　袖子和肩部塞满填充物

图 1-36　面料立体造型上创造出一种“皱领”

17 世纪欧洲巴洛克时期，为了表现巴洛克的绮丽风格，服装面料在外观艺术装饰上堆积大量的缎带、花边（图 1-37）、纽扣刺绣、泡泡袖（图 1-38）、羽毛和丰富的衣褶，不同质地的内外层裙式显现出女性的丰满和神秘。这个时期服装面料的繁杂堆砌和变幻的装饰在某种程度上掩盖了服装造型。从巴洛克绘画风格代表人物鲁本斯的绘画中可以看出巴洛克服装风格特点（图 1-39）。

图 1-37　“拉巴领”是巴洛克早期流行的荷兰民俗风格的花边大领子

图 1-38　泡泡袖是将袖子里填充棉花使其蓬松

图 1-39　巴洛克绘画代表人物鲁本斯的作品

到了 18 世纪，服装面料从巴洛克时期的矫饰华丽过渡到了浮华飘逸的洛可可时期，受这个时期洛可可艺术思潮的影响，服装颜色多柔美细腻，在设计和造型上也越来越烦琐复杂，越来越膨大，这个时期服装材质以柔软、光泽的纱罗绸缎为主，在优美自然而不失优雅的风格下，印花面料流行一时，面料外观的表现以注重衣褶流动曲线变化和多层细丝褶边为主（图 1-40）。无论是洛可可时期的室内装饰还是服装面料，都无比浮华精美、华丽繁缛（图 1-41）。

图 1-40　1750 年的蓝色丝质长裙，裙身上有银色印花

图 1-41　18 世纪初的洛可可风格服装面料

在 1825 ~ 1850 年的浪漫主义时期，流行的面料有轻而柔软的薄棉布、织纹较密的亚麻布、波绞组织的薄纱、凹凸丝织物、提花丝织物、格纹和条纹的轻质毛织物以及有刺绣的蝉翼纱等（图 1-42）。尽管服装造型上装饰过多，但给人的总体印象却是轻盈飘逸的。在路易·菲利普时代，各种锦缎备受欢迎，但人们常在这些厚的面料上重叠轻软的罗或纱等轻薄织物，以表现浪漫情调。另外，各种大袖子流行时，女士们还喜用幅宽不同的各种披肩来装

图 1-42　浪漫主义时期的法国丝质长裙和别致的羊毛刺绣披肩

饰自己，这些披肩有洛可可时期就一直流行的开司米，也有从东方进口的双皱等丝织物。这一时期的流行色彩以淡色为主，粉红色、白色较常用，其中白色最受欢迎，此外还有黄色、蓝色、淡紫色和紫色等。

19 世纪 70 年代，巴斯尔时期强调衣服的表面装饰效果是巴斯尔样式的另一大特征。褶襞、普利兹褶、活褶飞边、流苏等装饰艺术手法是巴斯尔时期服装面料再造上的特点。此类风格是将不同色、不同质地面料相拼接、相组合搭配成为流行（图 1-43）。

图 1-43　巴斯尔时期的服装面料设计特点

（2）国外服装面料再造设计的现状

近代是人类服装迅捷发展的时期，是人类向现代文明迈进的时代。随着纺织工业的发达、化学纤维的出现，织物品种增多，两种或两种以上不同质感的面料相拼、组合、搭配，成为当时流行的时尚。20 世纪初，受各个艺术理念和艺术活动的影响而产生的装饰艺术对服装有明显影响。服装设计趋于简洁、醒目，但同时更注重于局部的精致变化，在领、腰、袖、下摆等装饰珠片、绣花、层叠、流苏、滚边毛饰。例如，20 世纪 20 年代，可可 · 香奈尔的代表作“无领粗花花呢面料套装”（图 1-44）。50 年代，各种化学纤维如涤纶、丙纶、锦纶纷纷上市，面料的质地种类较以前丰富。特别是编织服装的兴起，由于编织原料和制作方法的不同，服装面料外观表现手段上较为复杂，产生了各种不同的肌理效果和各种风格的纹样，大大丰富了材质的品类。到了 60 年代，前卫和嬉皮士的风格逐渐兴起，服装面料的个性化得以展现（图 1-45）。人造皮革成为 60 年代的新潮流，其光滑、闪亮的效果给人以新奇的印象，仿金属片、塑料、铝箔等一些极具创意的材质被应用到服装上，服装面料外观的艺术魅力使人耳目一新。与此同时，服装设计师更加强调对面料本身的再造设计，丰富其表面的视觉肌理效果。如在毛皮上钻孔、压花、染色，牛仔布装饰铆钉和毛边，蝉翼纱上的滚边与刺绣等；在面料外观视觉上，运用了动感和闪烁的波普艺术图案和现代画派大师的作品等，都给服装面料再造设计带来了新的风貌。70 年代以后，科技发展和国际交流日益频繁，新型面料的出现以及新的工艺手法也在不断推进，而正是这种多材料、多手法同时推进的发展趋势，为面料再造在不同的设计领域中得以发展提供了舞台。

图 1-44　可可 · 香奈尔的代表作
“无领粗花花呢面料套装”

图 1-45　20 世纪 60 年代嬉皮士风格服饰盛行

二、服装面料再造的功能与意义

当今服装面料呈现出多样化的发展趋势，而服装面料再造设计更是迎合了时代的需要，弥补和丰富了普通面料不易表现的服装面貌，为服装增加了新的艺术魅力和个性的同时，更注重服装本身的功能，体现了现代服装的审美特征和注重个性的特点。

1. 服装面料再造的功能

服饰文化发展到今天，面料再造充当着服装表现艺术个性的主要手段，设计师赋予了服装更多超越了实用的精神和审美内涵，使设计师在服装上充分发挥自己的想象力。随着人们对于物质要求的提高，服装艺术呈现个性化的趋势，越来越多的设计师趋向于自己动手，面料再造迎合了这个时代市场与设计师的需求，给设计师提供了更大的展示空间和设计空间，服装材料也被赋予了更多的功能。

（1）实用功能

随着时代的发展，科技的融入，许多新型面料的出现满足了人们对于服装实用功能的要求。服装面料再造设计能够综合运用材料，在一定程度上能够弥补传统的普通面料的弊端，丰富面料的质感、颜色和功能性等，从而增加服装面料设计产品的实用性。例如防辐射服装面料、运动型服装面料、温感服装面料等，通过改变面料纱线来创造出更符合人体功能美学的服装，从而减少外界物质对人体造成的伤害，起到保护身体的实用型功能。

（2）个性功能

服装面料再造设计不但满足了消费者对实用功能方面的需求，也满足了消费者对于自身审美个性的体现欲。在运用多种材质、色彩等设计的产品中，在完善面料功能性之余还能够丰富面料的肌理质感。很多面料因需要实现其功能性而带有的特质成为设计师新的灵感来源。高科技的发展与融入，使得面料可以兼具实用与设计师概念的表达。例如如今在时尚界发展势头迅猛的 3D

打印技术的应用，就是高科技的发展与融入推动面料再造应用最好的案例，通过面料再造设计展现出消费者以及设计师对于服装的个性要求。

（3）环保需求

随着人类社会的不断发展，人口的爆发式增长与自然资源的滥用等一系列人类发展带来的问题逐渐产生，越来越多的人开始提倡绿色生活，也有越来越多的设计师将“绿色设计”作为自己设计的一项重要原则。目前面料再造中可再生材料的运用，能够使其以最低的材料成本发挥最大的效益。除了在生产与制造过程中减少对于环境的污染，将各种垃圾回收再利用也是现代设计师在服装面料再造设计中要考虑的重要因素之一。回收生活垃圾，通过工艺手法或者科技手段使其可以再次被利用，服装面料再造设计不仅能够让参与的材料重获新生，也带给了设计师新的思路和思维，对于如今以环保为导向的社会更能体现其化腐朽为神奇的力量。

2. 服装面料再造的意义

服装面料再造可以直接为服装设计提供优美的服装材料，为服装设计提供无限的灵感与遐想。服装面料再造设计作品本身就是很好的艺术品，也可以独立作为艺术陈设品，给人们的生活带来艺术的美好享受。所以服装面料再造设计不仅是一种设计思维，同时也是服装设计的有机组成部分。随着时代的进步与科技的发展，人们对于时尚的要求越来越高。在服装廓形与结构变化相对饱和的状态下，面料作为有无限可能的重要元素，就变成了为服装设计带来创新的重要部分。面料的再造设计以独特的手法、新颖的外观、强烈的视觉冲击力引导了当前纺织品、服装的设计，成为体现服装艺术设计创新能力的一个重要方面，对于服装材料的创新设计无疑是实现服装独创性最有效的方法之一。要创造出符合时代脉搏的服装艺术作品，既符合大众化要求又具有个性化，是现代服装设计师追求的目标，为服装材料注入新的血液势在必行。面料再造设计在探索过程中通过对于新材料以及新工艺手法的不断尝试，开拓了各个领域设计师的想象力，启发设计师的再造思维。在面料再造过程中，满足设计师对于设计产品的预想与期待。

图 1-46　服装面料再造设计的点睛作用

服装面料再造可以局部应用于服装设计中，起到画龙点睛的作用，也可以整体地运用到整个面料中，形成一种全新的服装视觉效果（图 1-46）。纺织服装面料再造不仅能够使服装产品设计更为具体，能够更准确地表达设计的主题与风格，而且能使服装纺织品在材质美感上更具有魅力，体现出更丰富的工艺效果。此外，它还能够满足设计师及消费者个人定制的心理需求，拓宽设计师的设计思路，对提高产品的附加值也具有重要意义。

（1）有助于服装款式造型上的创新实现

在现代，简单的结构款型变化已经不能满足人们的需求，个性化的服装是大众追求的趋势和方向，而款式的变化又会受到服装功能的限制。因此，服装面料的创新设计以及外观式样的更新开始成为服装设计创新的思路和方向。纺织服装面料再造设计为服装设计创造了更多的材料素材，为服装设计的审美与实用创新探索了更多的可能性（图 1-47）。纺织服装面料再造可与立体构成、立体裁剪技法相衔接，用艺术构成形式的美学法则把构成理论运用于整体的服装设计中，运用现代构成设计理念去培养服装设计师的创造力，以传达服装的个性美、再造美、时尚美。

图 1-47　通过服装面料再造设计的抽褶工艺来实现款式创新（作者：陈丁丁）

（2）有助于强化主题风格的表达

相同的服装款式采用不同的面料进行塑造，所展现的视觉效果和设计风格是截然不同的。独特的面料是塑造服装个性化的要素之一。在现代的服装设计中，服装面料的创新是设计师塑造作品风格化的重要手段。尤其是对面料的二次雕琢，根据面料的个性、主题风格等需求对面料、材料进行艺术处理，用这种方式拓展服装材料的表现空间。例如：用折叠、堆积法增加服装造型的空间立体感；用抽纱、腐蚀、镂刻等破坏法改变面料肌理表达设计主题；用刺绣、剪纸、折纸等技法赋予服装新的内涵和寓意。如中国独立设计师马可用她的“无用”系列（图 1-48），探索着农民与土地之间相互的依赖与和谐，她的作品向人们诠释生活是如此简单朴实。她的系列设计中所有的衣物从纺织布料到缝制裁剪的整个过程均为纯手工制作，染色依据古法从植物中提取汁液染制。马可用不常规的面料再造设计技法向全世界宣布：服装不仅仅承载着瞬息万变的时尚脉搏，服装是历史的见证，是生活的写照，不要忘却服装真正的功用。马可用自己独特的面料再造设计进行了一次人与自然深刻的对话。

图 1-48　设计师马可的“无用”系列

（3）有助于服装装饰效果多样性的实现

随着高科技的发展，设计师可选择的服装材料种类越来越多。不同的材料具有不同的风格，而对其进行创新设计能够使得材料产生不同的质感、肌理，使服装面料的装饰效果更具感染力。在进行面料再造设计时可以采用一种单一的技法，也可根据主题和需求同时选用几种技法进行组合。越来越多的设计师使用多种材料与手法进行服装个性化的拓展，其独特的审美与各种装饰手法的并用使得服装的再造创新层出不穷。如在盖娅传说 2020 春夏系列中就用到多种面料再造设计手法，表现出中国传统韵味和服装的层次感（图 1-49）。

图 1-49　盖娅传说 2020 春夏系列

面料再造作为近些年热门的艺术手法之一，越来越受到服装界的重视。面料设计给服装设计带来了新的春天，面料已经不仅仅是设计构思的载体，更多的设计师将面料作为设计的主体，面料再造的创新设计能够为服装设计增加注入新的活力。

三、服装面料再造设计的基本要素

1. 服装材料

服装材料是服装面料再造设计的载体，脱离了服装材料便无法对面料实施二次设计。服装面料种类丰富，面料等结构、性能和外观差异很大，因此只有熟悉各种服装材料，掌握面料的品质、性能、肌理、结构等其他相关因素，尽可能地发挥面料的性能和优越性，才能设计出最适合服装表达的艺术效果。

服装材料包括服装面料和服装辅料。服装面料中根据风格与手感可以分为棉类、毛类、真丝类、麻类、化纤类以及这些种类的复合材料，材质多样。服装辅料有珠子、纽扣、亮片、铆钉、抽绳、丝带等。这些材料虽然为服装辅料，但是通过合理的设计与运用会产生出新的面料。

材料的设计方法与设计师的审美喜好、设计主题甚至流行趋势等都有关联。要对面料进行合理的创新造型，关键是需要把握材料的肌理、结构、色彩等因素。面料的肌理效果千姿百态，不同的肌理效果区别于面料的纤维和织物织造方式，常采用突破局限的设计观念，改变面料的固有效果，例如腐蚀、做旧等。

材料结构由面料的织造方式决定，即使纤维相同，使用不同的织造方法也能使面料在性能和质感上产生较大的区别。在服装面料再造设计中，破坏面料原有的结构寻找新的形态是设计师常用的设计手法，以抽纱工艺最具代表性：即通过抽取面料中的纱线破坏面料结构，使其展示出全新的视觉效果（图 1-50）。通过多层面料的重叠来营造服装表面的立体造型，使之形成一种交叠又互相影响的立体空间，也是面料再造设计中常用的手法，面料元素可以是单一的，也可是多种组合的（图 1-51）。

图 1-50　抽纱工艺

图 1-51　叠加工艺

2. 空间表达

面料的空间表达是服装面料再造设计中最为主要的视觉效果，在进行面料设计的过程中，设计师常用的一种设计手法就是通过立体构成的相关设计手法，将原本二维的服装面料使用堆砌、褶皱、重叠等方法加以设计，使其呈现出浮雕般的三维效果。这种设计方法能够更好地提升服装的设计感以及整体的视觉效果。因此，面料的空间表达是服装面料再造设计的一个基本要素。在加工前，设计师需先了解材料结构的稳定性、张力、与其他材料的组合关系。采取恰当的设计手法，完成符合设计需求的空间造型效果（图 1-52）。

图 1-52　运用服装面料再造设计做出空间感

3. 工艺技法

面料的工艺技法是实现面料再造设计的一个重要环节。对于各种工艺技法的使用会使面料产生不同的效果，最终形成不同的服装设计形式。服装面料再造设计的工艺技法丰富多变，例如传统的工艺技法刺绣、毛毡、绗缝、染织、编织、抽褶、折叠、镂刻、切割、抽纱、拼接等，现代工艺技法有数码印花、高压热转印、3D 打印等。采用何种工艺技法来对面料进行创新造型，要根据面料的属性、设计主题以及服装制作的要求而定，设计师的主观意识也能对设计工艺产生较大影响，其加工形式通常是依托手工或者是半机械化来实现的。

四、促进面料再造的因素

1. 新材料、新技术的广泛运用

科技作为设计行业的技术支持，毫无疑问在设计行业的发展路程中起到了巨大的推动作用，这一推动作用在纺织品设计中又表现得尤为明显，高科技的飞速发展为面料设计带来了大量的新型材料与新技术，进而发展出很多关于设计的新的思维模式。

新材料和新技术的出现和应用都给服装面料再造设计带来了新的生机。服装设计中的面料越来越多地借助新型材料和科技手段以达到设计创新，无论是从传统到现代，还是从单一到多元，都离不开现代科学技术的发展。科技进步为面料再造设计提供了必要的工艺条件和实现手段，才使设计师的再造有可能从设计思想转变为现实。

在工艺表现手法和技术处理方面，面料再造已经从传统的手工印染、手工刺绣等方式拓展出了数码喷绘、高温定型、压皱、数码刺绣、数码印花、数码织造等现代科技手段。2011 年马尼尔·托里斯（Manel Torres）从喷雾彩带里获得灵感，发明了一种“喷罐面料”（图 1-53）。这种面料装在一个罐子里，里面含有纤维，喷到体表后会迅速固化，结成一层面料。可以水洗，也可以重复使用。用这种方法可以把纤维直接喷涂在身体上，有些部分的面料可以比其他部分厚一些，在该方法使用结束时，服装“裁剪”完毕，且无需缝合，这时面料就附着在身体表面，如果需要塑型，可以在需要的部分放置模子来塑型。

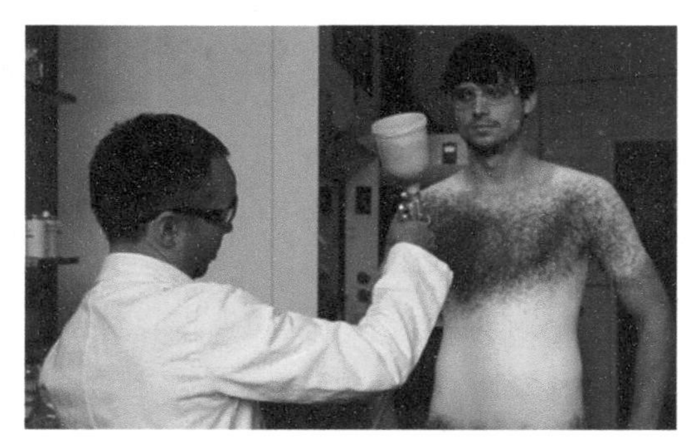

图 1-53　2011 年马尼尔·托里斯发明的“喷罐面料”

可见，面料的设计创新与科技的进步和发展紧密相连。由于现代技术的融入，可以起到改变面料外部造型及风格的作用，也使面料的细节和整体出现了丰富的趣味性。借助现代的 3D 打印技术，结构平凡的服装因为面料的造型而变得具有艺术感（图 1-54）。

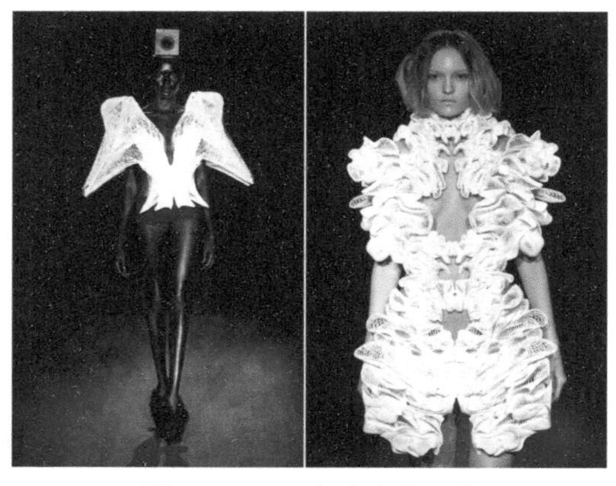

图 1-54　3D 打印出的服装

2. 表现形式的立体化与抽象化

在服装设计中，特别是在再造性时装的设计中，从平面化向立体化转变是一个大趋势，立体化设计也是服装面料设计中经常使用的方式。现代社会工艺技术的进步以及着装审美意识的提升，使得立体裁剪逐渐被运用于生产。它突破了传统平面工艺缝制的局限性，无论是造型还是面料肌理都取得了平面工艺裁剪所无法达到的效果。

目前由于许多新型工艺及表现手法的出现，引发了设计师对面料从平面形态到立体形态的造型及设计尝试的热情。设计师在造型过程中选用某种材质的面料，利用切割、堆砌、填充、抽缩、压褶等工艺技术和手法进行细节的设计和再造，使面料产生表面凹凸对比、层叠交错的触觉效果。通过面料的立体化再造设计可以改变服装面料原有的形态，增强图案或者标志设计的立体感，进而使服装的立体性也得到增强，很好地体现服装的个性化设计，这符合消费者以及设计师对于服装的设计需要（图 1-55）。

由此可见，经过不同工艺及艺术处理后的面料再造设计突破了其表面原有的平面状态，形成了具有立体感的面料造型，这些由立体手法处理的面料为服装设计提供了整体形态的细节设计，使服装设计中的立体细节与整体造型相互融为一体。与以往服装面料艺术多以一些较具象的题材内容来表现有所不同，无论是在整体材料的外形效果上还是图案设计上，现代服装设计在面料设计方面就像现代派艺术与诗歌一样，逐渐走向抽象化。在各大服装发布会的 T 台上，造型怪异、抽象，有别于传统审美观点的作品时常出现（图 1-56）。设计师似乎越来越专注于自己的作品特点，尽力使自己的作品特立独行，无论作品风格是复古风还是前卫派。对于设计师们天马行空的构思以及逐渐抽象化的现代服装设计风格，传统的艺术手法对面料的设计已经不能够满足设计师对抽象事物的表达，服装面料设计已经逐步成为决定其设计水平的重要因素。

图 1-55　通过面料的立体化再造设计可以改变服装面料原有的形态

图 1-56　天马行空的服装面料再造设计

3. 多元化面料材质组合混搭

在服装设计中，整合多样的服装材料，成为服装面料再造设计过程中常见的设计方向和独特的展示方法，风格的变化在多种面料材质的不同组合方式下呈现，浑厚的面料带给观者沉稳的

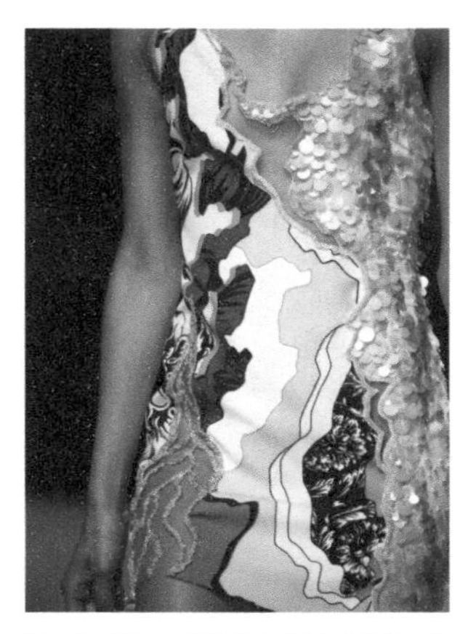
图 1-57　多种面料材质组合混搭的再造设计

感觉，轻盈的面料带给观者翩翩起舞的感受。中国古代的服装中就有通过多样的面料特质互为补充地设计出新的面料质感的先例，选取多种服装材料的色彩各取所长，整合出新的面料。花纹设计师也可以在面料再造设计的过程中采用相近质感但颜色不同的材料，或相同颜色但质感各异的材料（图 1-57），或不同的质感且各异的颜色，或完全相似的质感且相近的颜色，通过排列组合在手法上进行变换等各种多样性的设计思维来创造新颖的面料形式。

面料再造设计使面料充分发挥了自身的价值，避免了资源浪费，在给人们美好体验的同时，节约了社会资源。以前，小块布料都是无用的，只能被当成垃圾丢掉。但是，现在再小的布料都能运用到服装设计中，发挥它的价值。面料再造技术是服装公司的福音，可以节约服装公司的资金，增加了企业的市场竞争力和综合实力。虽然面料再造技术对传统技术和思想造成了一定的冲击，但是从事服装行业的工作者应该明白面料再造技术是行业的灵魂，再造技术和自身发展是不冲突的，它是传统的升华，是传统工艺的延展。对于面料再造技术我们要欣然接受、突破自我，对传统工艺进行升级，使传统工艺的核心技术发扬光大。

第二章
服装面料再造的设计原则

服装面料再造作为服装设计的创新手段，应遵循一定的原则，其构成、形式美法则以及局部和整体的运用在服装中予以体现。

第一节　服装面料再造设计的构成

点、线、面作为造型艺术的三大基本要素，同样适用于面料再造设计领域。点是服装造型的基本单位，点在面料设计中往往能起到画龙点睛的作用，在单调的面料中加强点的运用能够突出服装效果，吸引视线、突出个性。服装面料再造设计可以通过点有序排列形成线的元素，增强节奏感、视觉冲击力和视线方向性指引；也可以通过点有序或无序排列形成大小不同的面，丰富设计的层次，增强服装的个性美。

一、点状构成

点是造型中最小的元素，几何学中的点是指细小的痕迹或物体，是具有一定空间位置的、有一定大小形状的视觉单位，以点为元素的面料再造设计在服装设计中应用得十分广泛。点的大小在面料上会产生不同的效果，点状构成的大小、明度、位置等都会对服装设计影响至深。通过改变点的形状、色彩、明度、位置、数量、排列，可产生强弱、节奏、均衡和协调等感受。小点的图案和大点的图案相比较而言，小的点相对较为朴实，适合采用同类色或者是对比色的方式加以处理（图 2-1），而较大的点排列在一起会产生一种流动感，这种流动感适合装饰在服装的裙摆袖口等比较容易产生动感的部分。在面料再造设计中，大小点的不同组合方式也会使服装产生不同的趣味性，但是搭配在一起时也需要考虑到面料图案整体的统一性，例如采用同类色或者是同种排列方式加以统一（图 2-2）。

图 2-1　多种材质搭配的点状构成丰富了单一的面料

图 2-2　同种排列方式的点状构成达到面料与服装整体设计的统一

点是相对的，是相比较而存在的，具有不固定性，可以是圆形，也可以是正方形的（图 2-3），因为点之所以谓之点是由于它小而不是它的形状（图 2-4）。总体来说，面料再造设计中的点状构成在服装设计整体中起到平衡和协调的作用。

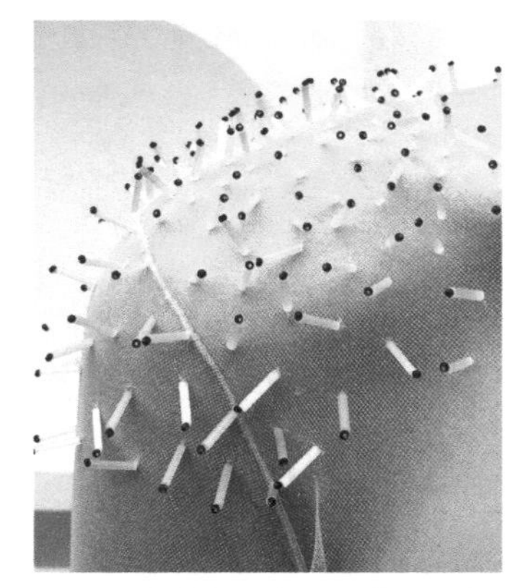

图 2-3　点状构成的点并不只是圆形点状　　图 2-4　聚集状态、立体形状的点状构成

二、线状构成

点的移动轨迹即构成了线。在几何学中，线只具备位置与长度，而不具有宽度，而在造型设计中，线是点的轨迹，通过虚实、粗细、有规则和无规则的变化为服装面料再造设计增加了很多的趣味性。线具有位置、长度和宽度，线还是一切边缘以及面与面的交界。服装面料上的线状构成是服装整体中最丰富、最生动、最具形象美的艺术组成部分，不同形态的线状构成和不同视觉的线在服装整体造型中会产生不同的效果（图 2-5）。

图 2-5　服装面料再造设计的线状构成

线状构成的面料再造设计是以细长结构形式为主的细节设计。线状构成具有很强的长度感、动感和方向性，因此具有丰富的表现力和勾勒轮廓的作用。线状构成的表现形式有直线、曲线、折线和虚实线。直线是所有线中最简单、最有规律的基本形态，它又包含水平线、垂直线和斜线。服装上的水平线带有稳重感和力量感；垂直线强化身体的垂直性，使服装在视觉上感到修长硬挺，多用于裤装和裙装上；斜线可表现方向和动感；曲线和直线相比具有柔软飘逸之感，给人流动感，多运用在女装裙摆或者上衣等部位，突出女性优美的着装特征；折线则体现着创新和多变。

服装面料上的线是服装设计中最生动、最丰富、最具形象美的艺术组成部分，运用线的分割，并结合材质、色彩、大小、空间和造型的变化，可产生更为丰富的比例变化。线的组合还可产生服装的节奏感。

线状构成能够起到引导人们视线的作用，在面料再造设计中每条水平线的设计都很关键，每个线条的运用都会产生不同的视觉变化。在服装边缘采用线状构成的面料再造设计是服装设计中很常见的装饰手法，如在服装的领部、前襟、下摆、袖口、裤缝、裙边等边缘上的面料艺术再造可以起到强调服装廓形并且引导观众视线的作用，从而制造出丰富多变的艺术效果（图 2-6）。同时，线状构成的数量和宽度影响着人的视觉感受。在面料艺术再造时，可以利用线状构成的这些特点，结合设计所要表达的意图，在面料上进行设计表现（图 2-7）。

在所有构成类型中，线状构成的服装面料再造设计容易契合服装的款式造型结构。同时，线状构成有强化空间形态的划分和界定的作用。运用线状构成对服装进行不同的分割处理，会增加面的内容，形成富有变化、生动的艺术效果。值得说明的是，运用线状构成对服装进行分割时，要注意比例关系的美感（图 2-8）。

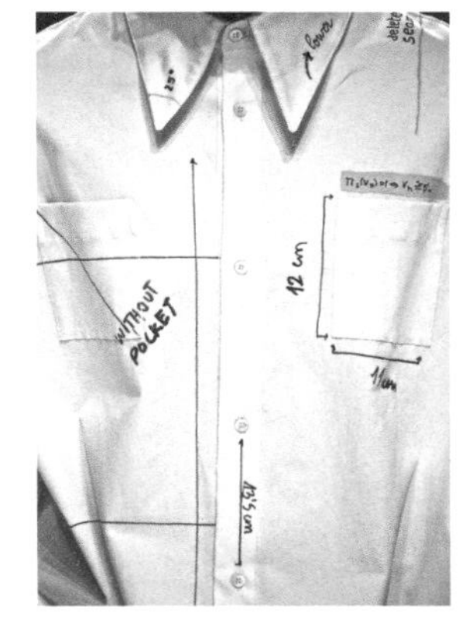

图 2-6　线状构成在局部的作用

图 2-7　线状构成在服装面料中的再造运用

图 2-8　通过线状构成使服装面料形成富有变化、生动的艺术效果

线状构成经常被运用在时装、职业装和休闲装的面料设计中，或是起到勾勒形态的作用，或是达到强调个性的意图。线状构成的面料再造设计可以很好地展示服装的整体（图 2-9）与局部造型（图 2-10），突出服装局部设计与面料细节的关系。

图 2-9　线条组成装饰字母

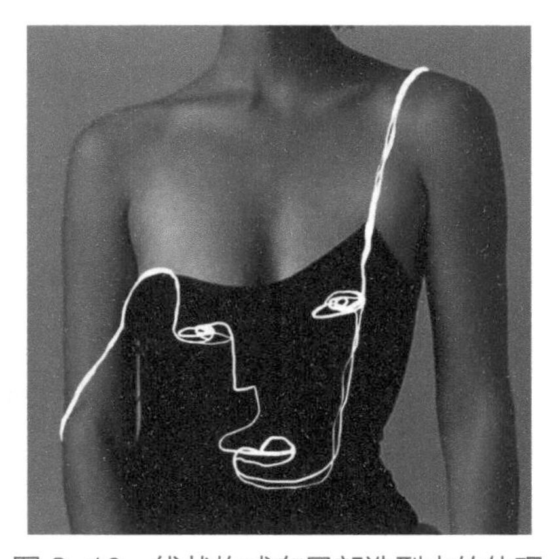
图 2-10　线状构成在局部造型中的体现

三、面状构成

线的移动构成了面，面具有二维空间的性质。在面料再造设计中，面体可以称之为结果，面是由线条的运动轨迹所形成的，无论点是如何装饰面料，线是如何升华面料，所得出的结果就是一个整体。在服装整体的造型设计中，利用不同材质面料的结合，能够增强服装整体的立体效应与层次变化，多样化材质的搭配使服装成品更具个性；在服装局部中添加面状构成，可以使服装形成一种独特的风格。所以在进行服装面料再造设计时，整体（图 2-11）或者局部（图 2-12）的面状构成都需要根据设计师前期的设计方案来决定。

图 2-11　面状构成在服装面料再造设计中的整体运用

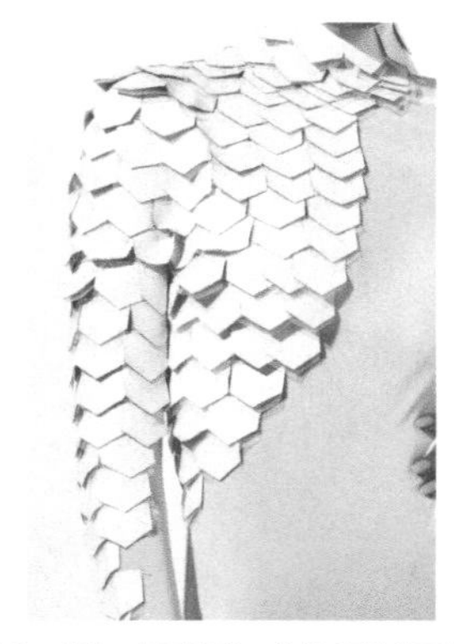

图 2-12　面状构成在服装面料再造设计中的局部运用

面状构成形成的主要效果包括几何形（图 2-13、图 2-14）和自由形（图 2-15）两种。前者具有很强的现代感，后者令人感到轻松自然。与点状构成和线状构成相比较，面状构成的面料造型更适合表现服装的风格与特征，其视觉冲击力也更加强烈。在女装设计中，面状构成的造型通常可以给人在视觉上塑造整体感，具有较强的扩张感和冲击力。因此，其在服装整体效果中带来的视觉感受也是最突出的。设计师在进行面状构成设计时，对面状构成形式、构成方法等都要仔细斟酌，并要注意到面状构成的“虚实”关系以及体块与体块之间的联系，只有合理的结构细

图 2-13　面状构成中的几何形 1

图 2-14　面状构成中的几何形 2

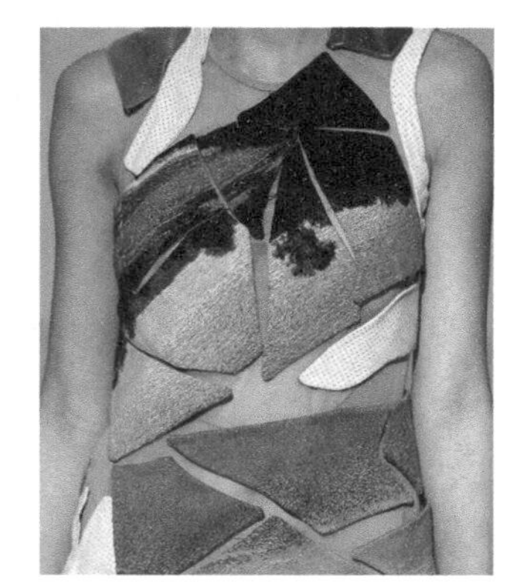

图 2-15　面状构成中的自由形

节设计，才能使服装面料与款式风格相协调。

比起前两种构成，面状构成更易于表现服装的性格特点，如个性、前卫或华贵，其视觉冲击力较强。在服装上进行面状构成服装面料再造设计时，可以运用一种或多种表现手法，但要注意彼此的融合和协调，以避免视觉上的冲突。

四、综合构成

综合构成是指在点状构成、线状构成、面状构成中，选择两者及两者以上的构成形式综合应用在面料再造设计中的一种构成形式，而这种多种构成的综合构成形式的运用可以使服装展现出更为多变、丰富的艺术效果。点状构成与线状构成同时被运用在面料再造设计中，会令服装呈现点状构成的精巧与线状的灵动（图 2-16）；线状构成与面状构成同时被运用在面料再造设计中，使服装更具个性化与立体感（图 2-17）；而三者的结合使服装面料的层次更加丰富，大大提升其在服装中的视觉效果（图 2-18）。

图 2-16　点状构成与线状构成的面料艺术效果

因此在设计时，设计师需要进行多角度的考虑和实践操作，使服装面料在满足表现其艺术感染力的同时还需要注意前后侧面之间面料设计的综合构成，使其相互协调，注意点、线、面构成的主从、虚实以及对比关系的处理，以塑造出服装整体造型的美感。

图 2-17　线状构成与面状构成的面料艺术效果

图 2-18　点、线、面状构成的面料艺术效果

第二节　服装面料再造设计的法则

一、形式美法则

形式美是对生活中的美进行分析、拆解、结合、总结、利用的形式化的总结，统一与变化形

式的协调。形式美贯穿了我们生活中的诸多领域，比如在绘画、音乐、设计、影视、建筑、雕塑等众多艺术领域之中，它也是服装设计师在进行创作过程中应遵循的艺术形式法则。

服装面料再造设计是对服装材料的再造性运用，属于服装设计的范畴，其概念是根据形式美法则对原有面料运用多种设计手法和制作工艺进行二次改造。服装面料再造设计的形式美法则内容主要包括统一与变化、对比与调和、节奏与韵律、对称与均衡、比例与分割（图 2-19）。

图 2-19　服装面料再造设计的形式美

1. 统一与变化

统一与变化是构成形式美的主要法则之一。统一是指性质相同或相似的设计元素有机结合在一起，消除孤立和对立，造成一致的或趋向一致的感觉。它分为两种：一是绝对统一，是指各构成元素完全一致所形成的效果，这种形式具有强烈的秩序感，如图 2-20 所示；二是相对统一，是指各构成元素大体一致但又存在一定差异，从而形成整齐但不缺少变化与生机的效果，如图 2-21 所示。

图 2-20　面料再造中的绝对统一

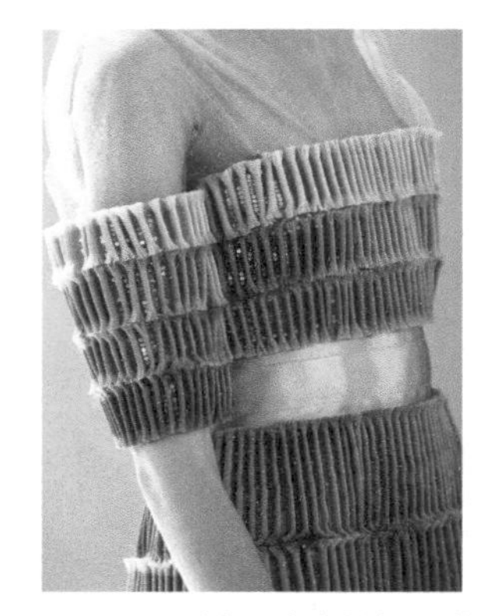

图 2-21　面料再造中的相对统一

变化则是指由性质相异的设计元素并置在一起造成显著对比的感觉，是创造运动感的重要手段。它也分为两类：一是从属变化，是指有一定前提或一定范围的变化，这种形式可取得活泼、醒目之感，如图 2-22 所示；二是对比变化，是指将对比元素并置在一起，造成一种强烈冲突的感觉，具有跳跃、不稳定的效果，如图 2-23 所示。变化的主要特点是生动、活泼、有动感。

统一与变化是矛盾的两个方面。在统一与变化关系中，需要坚持两个原则：一是以统一为前提，在统一中找变化；二是以变化为主体，在变化中求统一。在服装面料艺术再造中，艺术再造是变化的主体，服装是统一的前提。因此，统一与变化的关系不仅应体现在服装面料再造设计本身，还应体现在服装整体中。在设计过程中要始终关注面料再造设计本身的变化与统一，同时

图 2-22　同类型材质在一起的从属变化

图 2-23　针织的柔软与皮革和金属材质之间的对比变化

要兼顾服装面料再造设计与服装整体之间的统一与变化关系。在设计中，要善于在面料再造设计里达到“乱中求整”“平中出奇”的效果，忽视或过分强调服装面料艺术再造的统一与变化，都会造成服装整体的不和谐。只有通过把服装面料再造设计本身与服装整体有机结合起来，才能够达到服装设计的艺术效果。统一与变化不仅包含了面料再造设计自身的造型、面料运用、色彩运用，还包含它与服装的造型、面料、色彩之间的统一与变化（图 2-24）。在设计中始终脱离不了统一与变化这对基本的美学规律，而要想很好地表现统一与变化还需要有形式美法则的支撑。

图 2-24　面料再造中变化与统一的结合

服装面料艺术再造在遵循统一与变化的基本美学规律的基础上，还应遵循形式美法则。服装面料艺术再造的形式美法则主要包括对比与调和、节奏与韵律、对称与平衡、比例与分割等。这些法则不仅适用于服装面料艺术再造本身，同样适用于将服装面料艺术再造在服装上的运用。

2. 对比与调和

当两个或两个以上构成要素之间彼此在质与量方面形成对比，但同时又能够和谐存在的，都可以称之为对比与调和。这是几种元素共性与个性的融合。

在对比中主要运用不同的色彩和不同质感的材料来形成反差。颜色方面如使用对比色，红色和绿色、蓝色和橙色、黄色和紫色等，使各种颜色之间形成对比；质感方面可以利用不同的材质，如金属、羽毛、毛线、PVC（聚氯乙烯）等材质，使之形成对比的效果，从而增强服装的艺术魅力（图 2-25）。对比在面料再造设计中可以利用裁剪、钉缝和分割等方法处理面料，利用一些具象或抽象、大或小、明亮或暗淡、厚重或轻薄、粗或细、褶皱与光滑等元素进行对比处理，或者利用镂空、燃烧、抽纱等破坏性手法，形成多种元素，通过与其他面料的叠加，形成完整与残缺、虚与实的对比处理。

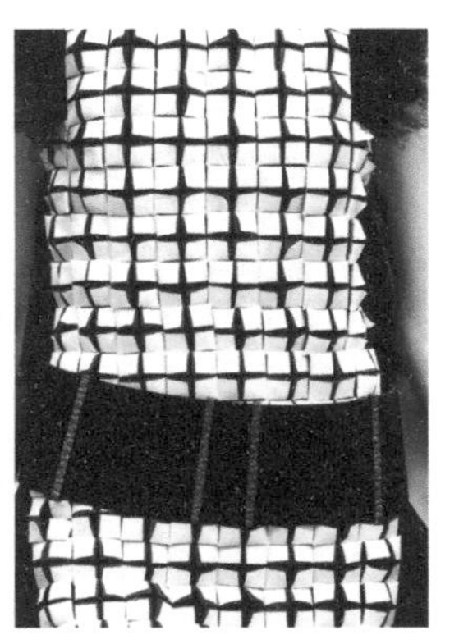

图 2-25　服装面料材质的对比与服装面料颜色的对比

调和是使相互对立的元素减弱冲突，协调各种不同的元素，从而增加整体艺术效果的手法。调和有两种类型：一是相似调和，它是将统一的、相似的因素相合，给人柔和宁静之感；二是相对调和，是将变化的、相对的元素相结合，是倾向活跃但又有秩序和统一关系的效果。调和是变化趋向统一的结果，但又与“同一”区别。通过调和，可以产生一种变化又统一的美，不统一的设计是不调和的，没有变化的设计也无所谓调和。调和也可以理解为是一种过渡。例如，在服装面料表面从一种平面形式到另一种立体形式，用一种过渡变形来调和就更容易带给人视觉上的愉悦。在服装面料艺术再造中，对色彩的调和可以通过增加中间色进行过渡；对形状的调和，可以通过使用相同或相似的色彩，或运用相同的装饰手法，或是其他可以使不同的形状之间找到相似点的方法。调和体现着适度的、不矛盾的、不分离、不排斥的相对稳定状态（图 2-26）。

图 2-26　从平面到立体的渐变调和

3. 节奏与韵律

节奏与韵律原本指音乐中的变化与声韵，使人感受到一种具有规律性的律动感。在平面构成设计中，通常会将单纯的元素进行富有变化性的重复运用，使之产生音乐中的韵律之美。

节奏是指在面料再造设计中，通过对面料形态及大小、色调的强弱、颜色的浓淡、位置的排列，使之形成等比数列、等差数列等的渐变形式，然后根据设计需要进行有序的组合。通过有规律的反复来引导观者的视线，从而形成动感。通过构成元素的有序变化，例如对面料中几种颜色的重复变化，或颜色的深浅上进行由上至下、由下至上的过渡性排列；亦可以用褶皱的粗细变化、花纹的繁简变化、装饰元素的材质变化等加以表现。例如进行褶皱的节奏感设计，可以将设计好的褶皱，根据人体结构的特征，做出回旋式的立体排列，体现出明快的节奏感（图 2-27）。

韵律是节奏的变化形式，是节奏的丰富与发展。韵律更加强调总体的完整和谐，借助形状、色彩、面料、空间的变化造就有规律、有动感的形式。在服装再造设计中有效地把握节奏是体现韵律美的关键（图 2-28）。

图 2-27　褶皱的节奏感设计

图 2-28　借助面料的材质和形态变化表达韵律美

因此在服装面料再造设计中，节奏和韵律的表达往往通过设计面料本身的线条、肌理、形状、色彩等要素来体现，最终达到理想的设计效果。合理运用面料再造设计的节奏与韵律美，衍生更多的面料设计方法，对服装造型设计有着重要的意义。

4. 对称与均衡

对称又称之为对等，也是形式美法则之一，对称是指事物中相同或相似的形式要素之间，相称的组合关系所构成的绝对平衡。对称的形式美法则运用在服装设计上，能够使穿着者表现出端庄、沉着的气质。在服装面料再造设计中，可以采用左右对称、斜角对称、多方对称、反转对称、平移对称等多种方式，对称能够起到聚集焦点、突出中心的作用。服装面料艺术再造采用的左右对称，大多数时候给人规律的感觉（图 2-29）。

出于人们对上下或左右对称的视觉和心理惯性，服装经常被设计成对称式，以求给人一种稳定感。但是过分地追求对称往往会给人一种缺乏活力、没有创造甚至呆板的感觉。所以为了避免这种呆板，在服装上也要适当地进行变化，从而衍生出均衡的概念。

均衡也称之为平衡。均衡的形式美法则在服装上表现为：虽然服装左右或者上下两边的造型元素不是完全对称或者不对称的，但整体的服装效果在视觉上不会失去平衡的感觉。均衡表现在服装上的最大特点是它富有变化，形式自由。均衡是对称的一种变化形式，当然对称也被认为是一种特殊的均衡。但总的来说，对称和均衡都是属于平衡的概念（图 2-30）。

图 2-29　服装面料再造设计中对称美

图 2-30　服装面料再造设计中的均衡美

在服装面料再造设计中，均衡就是要将设计元素进行大小、数量、色彩的轻重冷暖、结构的疏密张弛、空间的虚实呼应等进行恰当配置。均衡的形式出现在服装上，能够打破对称所产生的呆板之感，从而使设计作品具有活泼、运动、创新的造型意味。

对称和均衡是服装面料艺术再造中求得均衡稳定的一种法则，它们符合人们正常的视觉习惯和心理需求。

5. 比例与分割

比例是指设计主体的整体与局部、局部与局部之间，各个元素的面积、长度、分量之间产生的质与量的差，所产生的平衡、协调关系。当这种关系处于平衡状态时，会产生美的视觉效果。通常人们会根据视觉习惯、自身尺度及心理需求来确定设计主体的比例要求。比例是服装设计、穿着和鉴赏中不可缺少的重要因素。如上衣与下装的面积比；连衣裙腰线的上下长度比；肩宽与衣摆的宽度比；色彩、材料、装饰的分配面积比；服装各部位所占的体积比等。常被广泛使用的比例关系有黄金比例、等差数列、等比数列等。

分割就是指由内侧线把整体分成几个大小块，同时也是几种形状，随之产生个体的方法。在服装上又被称之为“破段”“破缝”，是服装造型的重要手段之一。在服装面料再造设计上运用不同的线——横线、竖线、曲线等去分割面料时会产生不同的视觉效果（图 2-31）。其中黄金分割比被公认为是最美的比例形式，它体现了人们对图形视觉上的审美要求与调和中庸的特点，正好符合标准人体的比例关系，即以人的肚脐为界，上半身长度与下半身长度为黄金比。服装正是在黄金分割处进行的面料艺术再造，很好地体现出女性修长的身材。在实际应用中，以几何作图法很容易得到“黄金比”。以一个平面的图形来说，“黄金比”是指图形的长线段与短线段的比值近似为 1 ： 0.618（图 2-32）。

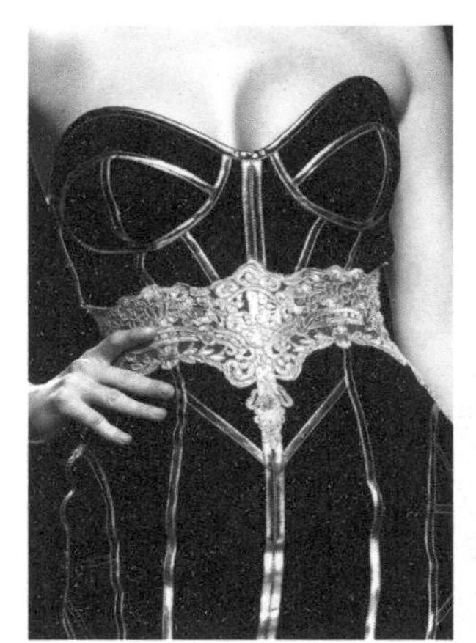

图 2-31　设计师通过不同的线条分割面料产生不同视觉效果的服装

图 2-32　分割面料产生的效果

这些美的比例和分割形式不是绝对的、万能的，在应用过程中还必须根据设计对象的使用功能和多方面因素灵活掌握，既符合实用要求又符合审美习惯的比例才是最美的。

由于人对自身的结构比例十分敏感，肩的宽度、颈的长度、腰的位置等都有约定俗成的比例标准，因此服装面料再造设计的形式、色彩、装饰部位对服装乃至穿着者的视觉比例等都有重要影响。从这种角度讲，服装面料再造设计是调节比例和分割关系，实现服装总体艺术效果的重要手段。

根据人体比例以及活动的特征，将合理的分割运用在面料中，能够使人体比例更加完美凸显。主要方法是对原有面料进行打散重组，将其分割成大小相同或者不同的元素，并且对该个体进行重组，在形与形的边缘可以通过刺绣、绗缝等进行线迹的装饰，强化形与形之间的视觉效果。

以上是服装面料艺术再造的形式美法则。美学原理中的形式美法则有助于服装面料再造设计，但是如果只是生硬地套用，而没有从内心感受到美，那么这些原理与方法就变成了一些空泛的条条框框，没有起到相应的作用，反而使设计僵化。

二、材质表达法则

服装面料是服装织造的基础，是服装制作的要素之一。服装面料可以诠释服装风格标准、服装色彩色调、服装表现效果。服装材料可以直接反映服装时代形态的基本特征，不同的服装面料对不同经济、社会发展环境具有不同的意义。掌握不同服装面料材质的不同特点，才能够在进行面料设计时有的放矢，精准定位，设计出符合服装定位的面料。

1. 服装面料再造设计中的材质内涵

服装材料和服装一样，既是人类文明进步的象征，又是文化、科学、艺术宝库中的珍品，服装材料在国民经济和大众的日常生活中占有重要地位。一般来说，服装材料包括服装的主面料和辅料。在研究服装材料时，常以原料、形态或用途来进行分类，并以此来寻求服装材料的特性、使用途径以及它们对服装的形态、构成、服用性能和穿着效果等的影响，以期待设计和制造出优良而令人满意的服装。服装色彩、款式造型和服装材料构成服装三要素，而服装色彩和服装材料两个因素直接由选用的服装面料来体现。服装的款式造型亦需依靠服装材料的柔软、硬挺、悬垂及厚薄轻重等特性来保证。此外，服装材料的装饰性、覆盖性、加工性、舒适性、保健性、耐用性、保管性、功能性以及价格等直接影响着服装的性能和美观。因此，服装材料是服装的基础。

20 世纪 90 年代以来，服装材料成为人们选购服装的重要因素，每一种新型服装材料，如水洗织物、砂洗织、桃皮绒、弹力织物、太空棉等出现时，都会掀起新的服装潮流。有了新的材料，就有了新的服装出现，而反过来新潮服装又要求新的服装材料。服装材料和服装两者之间存在着相互促进和相互制约的关系。因此，服装设计师必须不断学习和掌握日新月异的服装材料的有关知识。

随着人类社会科技的发展，服装可选用的材质逐渐增多，除了从自然界可直接获得的纤维类，如棉、毛、麻、丝制品等，还包括许多化工合成的人造材质，如再生纤维、涤纶、腈纶、氨纶等。此外，一些人造新型材质具有明显的合成性，包括大豆纤维、金属丝、塑料等，丰富了面料再造设计中可选用的材质范围。不同的材质具有不同的特点，进一步决定了对面料进行二次设计的应用范围，如棉织物（图 2-33）的生态性优良，具有柔软、吸汗等特点，适用于大多数服装设计；而丝绸类材质（图 2-34）具有光滑、细腻、性能好等特征，适用于睡衣、礼服等设计应用。

图 2-33 棉织物面料

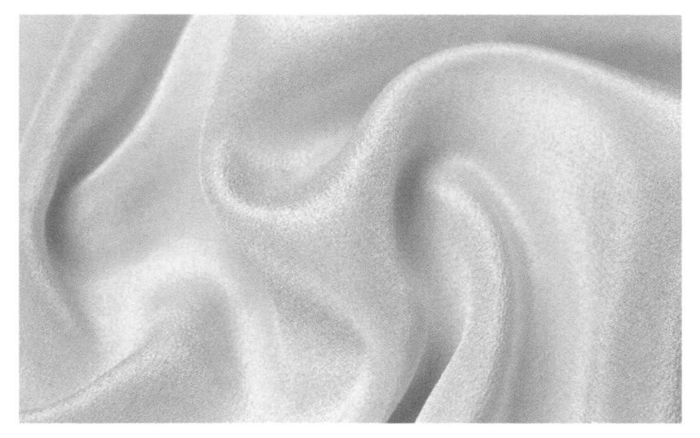

图 2-34 丝绸类面料

目前，人们正在不断开发新的服装材料品种，以推动服装的发展与变革，特别是流行服装对材料的要求越来越多、越来越高。例如，仿毛、仿真丝、仿皮革等材料，不仅从视觉上要达到以假乱真，从性能上也在大大地提高它的功能性。

2. 材质在服装面料再造设计中的运用

（1）材质与面料再造设计的结合

服装面料再造设计是一种“特殊”的艺术创造活动，设计师要实现一款面料再造设计，除了具备灵感和创新之外，还必须对材质有一定的了解。这是因为面料再造设计的实现取决于材质的固有特性，在进行面料再造设计时，设计师的理念表达是建立在现有服装材质基础上的。例如图 2-35，牛仔面料通过面料复合的工艺增加面料的挺括感，表现出服装的阳刚之气。在面料再造设计中，设计师需要熟练掌握服装材质特性，把对于材质特性的掌握与审美意识结合在一起，这就是面料再造设计“特殊”的地方。

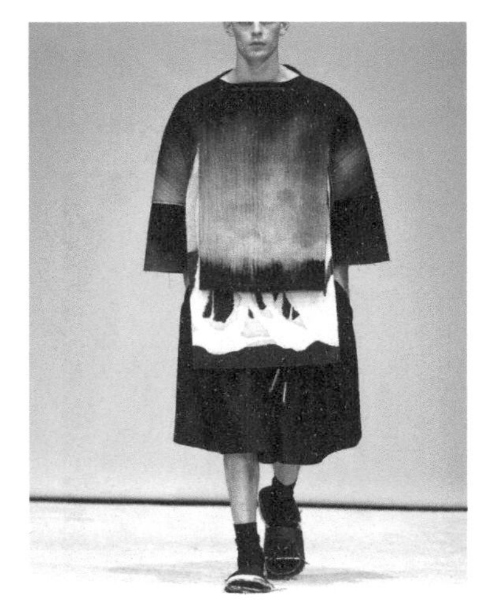

图 2-35 设计师通过面料复合的工艺增加面料的挺括感

（2）材质与面料色彩的结合

面料的色彩是面料再造中极为重要的部分。面料的色彩对于人的视觉所产生的心理感受是最明显的，也是冲击力最强的。色彩通过服装的面料进行表现，但无论是印染或本身的色彩，其所构成的视觉冲击效果是相同的，区别在于不同材质载体附加的心理感受不同，如同一种色彩，在轻薄、光滑的材质中会给人一种明快、愉悦的感受；相反，同样的色彩在具有厚度、质感粗糙的材质中给人一种厚重、深邃的感觉，如图 2-36 所示。事实上，这也是构成服装种类多样性的重要基础。设计师在进行面料再造设计时应充分考虑到色彩在不同材质中不同的发挥和效果。

图 2-36　不同材质与同一色彩的结合

（3）材质与服装风格的结合

服装材质对于服装风格的影响也是比较明显的。不同的服装材质具有不同的质感、肌理以及服用性能，人的感官能够感觉到的方面表现在织物的手感、视觉感和穿着的触感等处，这些不同的表现决定了面料的使用方式和设计风格，不同风格的服装有不同的塑形性和表现力。比如，奇特新颖的特殊面料，如反光金属面料、涂层面料等多用于前卫风格的服装；轻薄透明的薄纱面料与飘逸、仙气、自由的服装风格相贴近；织锦缎、丝绸等面料就与精致、复古、优雅等服装风格相契合；而厚重的麻织物或绒毛面料则特别适合表现线条清晰、轮廓丰满、庄重经典的服装（图 2-37）。

图 2-37　薄纱材质和丝绸材质的服装

当然这些约定俗成的风格并不是绝对的，在掌握了材质的特性后，可以对面料材质合理运用以及搭配，使服装面料再造设计更加多元化。

3. 材质在服装面料再造设计中的视觉表现

（1）材质视觉表现的重要性

从单纯的服装设计角度来说，服装的视觉效果是最主要的设计目的，直接影响了受众心理，进而作用于穿着的人身上。“人靠衣装”所表达的含义，说明服装给人的视觉效果直接影响到对一个人的判断。同时服装的材质也是影响观者对于着装判断的重要依据。例如，采用棉麻和采用丝绒所制作的相同款式的裙装，所得到的反馈效果定然是不同的（图2-38、图2-39）。前者给人以闲适、恬静的感觉；后者则是奢华、典雅的感觉。这也反映出正确使用材质的重要性。作为服装设计师，就必须了解不同材质的视觉特点，如超细纤维所产生流动性的心理认知，粗布材质给人一种回归自然的感觉。抓住材质视觉表现的重要性，可以使服装面料应用于不同的设计层面，产生不同的设计效果。

图2-38　棉麻裙装

图2-39　丝绒裙装

（2）材质视觉表现的效应性

第一，自然化。随着现代人们环保意识的不断增强，服装材质自然化的效应也逐渐受到关注。使用环保材质以及可循环使用的材质是当今一大趋势。通过服装特点回归大自然是很多人的选择，而设计中也可以发挥材质的天然特点，如在不染色的情况下直接应用天然面料，包括麻织物（图2-40）、棉织物、丝织物（图2-41）等，不仅具有返璞归真的特点，还具有“怀旧”的特色，彰显出一种特殊的审美气息。

图2-40　麻织物

图2-41　丝织物

第二，艺术化。国外服装设计中更多地追求时尚元素，融入大量的艺术性特色，较为常见的如抽象艺术图案（图 2-42）、浮雕艺术形式、时代潮流趣味因素、非主流另类服装特色等，甚至包括大量的概念性因素，而实现这些艺术化的前提是展开材质细分选择，甚至需要一些创造性材质。如一些非主流服饰中加入的塑料、金属等材质。

图 2-42　抽象艺术图案服装

第三，人性化。服装是人类文明发展的产物，本质上说是人性基本需求提出的要求。服装设计的人性化指的是人与自然的和谐、人与人之间的和谐、人与社会之间的和谐等，可以通过服装设计来体现。较为典型的如各种公益组织服装，通过一定的理念表达，来实现一定的人性传达。在材质方面，主要以生态环保的自然材质为主，如棉织物、竹纤维等。

第四，科技化。随着社会、经济、科技综合的发展，现代化的生活方式指引社会的发展，为面料的创新发展奠定基础（图 2-43、图 2-44）。高科技的艺术面料是市场经济发展的趋势，天然棉材质、毛材质、透气纤维材质、不起球、不掉色、不缩水的材料受到市场的欢迎。在面料生产加工上，使用废弃物回收再利用，既可以降低原材料的使用成本，又有助于环境保护，起到促进无公害产业发展的作用。

图 2-43　浮雕式面料

图 2-44　网眼面料

三、色彩表达法则

在服装面料设计中，色彩能最先吸引人的注意力。我们在商店或其他场合接触某一服装产品的瞬间，色彩总是最先进入我们的视线，传递出时尚的或是经典的、优雅的或是休闲的信息。在服装发布或是服装设计比赛中，色彩组合表达出来的色调，远远看来更是吸引观众和评委的视觉要素，能够吸引人们进一步仔细观看，并留下深刻印象。不同的色彩带给人们不同的感受，具有不同的风格表现力。比如，田园风格的服装以自然界中花草树木等的自然本色为主，如白色、本白色、绿色、栗色、咖啡色等；时尚风格的服装较多使用黑、白、灰色调以及现代建筑色调等单纯明朗、具有流行特征的色调；而运动风格的服装则多选醒目的色彩，经常使用天蓝色、粉绿色、亮黄色以及白色等鲜艳色。风格化的配色设计，可以非常明确地传达出服饰风格的色调意境。

1. 色彩的基本知识

色彩学是一门横跨自然和人文社会两大科学领域的综合性学科，是艺术与科学结合的学问。色彩现象本身是一种物理光学现象，通过人们生理和心理的感知来完成认识色彩的过程，再通过社会环境的影响以及人们实际生活的各种需求表现于生活之中。而有关色彩学研究，一般是先认知色彩，再从色彩的三属性上考虑的。物理学家把色彩视为光学来研究，化学家则研究颜料的配制原理，心理学家研究色彩对人类生活的影响，画家用色彩来表达思想情感，服装设计师则研究如何融汇以上各领域所研究的内容，进行色彩分析再组合，用它在人体上表达、设计出美的综合效果。

色彩是能引起人们审美愉悦的、最为敏感的形式要素。色彩是最有表现力的要素之一，因为它的性质能够直接影响人们的情感。色彩是因为光的折射而产生的，红、黄、蓝是光的三原色，其他的色彩都可以由这三种色彩调和而成。丰富多样的颜色可以分成两个大类，分别为无彩色系和有彩色系。有彩色系的颜色具有三个基本特性：色相、纯度（也称彩度、饱和度）、明度，在色彩学上也称为色彩的三大要素或色彩的三属性。饱和度为零的颜色为无彩色系。

2. 服装面料色彩的特性

（1）橙色

橙色色感鲜明夺目，面料上运用橙色会给人刺激、兴奋、欢喜和活力感。橙色比红色明度高，是一种比红色更为活跃的色彩。一般来说，橙色宜与互补色蓝色相搭配，或者常用的黑白色，这样往往能出现良好的视觉效果。图 2-45 为橙色在服装中的运用。

（2）黄色

黄色是光的象征，因而被视为快活、活泼的色彩。它给人的感觉是干净、明亮而且富丽。黄色与红色相比算是一种比较温和的颜色。纯粹的黄色由于明度较高，比较难与其他颜色相配。嫩黄色或柠檬黄的服装面料会显得干净、活泼可爱。

（3）绿色

绿色色感温和、新鲜，有很强的活力、青春感。绿色常使人联想到绿草、丛林、大草原等，一般给人一种凉爽的、大自然的感觉。特别是近几年“绿色环保”概念的深入人心，更使人们容易联想到自然与环保等。绿色是儿童和青年人常用的服装面料色调，绿色配色比较容易，特别是花色图案中的绿色更是适合与多种色彩的面料相搭配。图 2-46 为绿色在服装中的运用。

图 2-45　橙色在服装中的运用

图 2-46　绿色在服装中的运用

（4）蓝色

看到蓝色，人们常常联想到广阔的天空和无垠的海洋，它是象征着希望的色彩。蓝色属于冷调的色彩，有稳定和沉静的感觉。蓝色是一种让人比较舒适的色彩，夏季穿浅蓝色的轻薄面料能够给人以清凉感。图 2-47 是蓝色在服装中的运用。

（5）白色

白色象征着洁白、纯真、高洁、幼嫩，它给人的感觉是干净、素雅、明亮、卫生。白色能反射照亮的太阳光，且吸收的热量较少，是夏天比较理想的服装面料色彩。白色是明度最高的色系，有膨胀的感觉，特别是和明度低的色相相搭配时更有其效。所以，设计服装时要从专业上认识白色的特性，尽量少给较肥胖的人使用白色的服装面料。图 2-48 为白色在服装中的运用。

（6）黑色

黑色是明度最低的色调，是具有严肃和稳重感的色彩。黑色给人后退、收缩的感觉，在某些场合可以引起悲哀、险恶之感。黑色比较适合体型较肥胖者穿用，它能使人在视觉上产生一种消瘦的感觉。黑色毛呢料在国际服装设计中是代表男性的颜色，所以可以在男式礼服设计中使用。图 2-49 为黑色在服装中的运用。

（7）光泽色系

光泽色系是纺织品、装饰材料、装饰品所拥有的特异色彩，包括金、银、铜、玻璃、塑料、丝光、激光等的色泽。由于这类材料的材质各有不同，所以在设计服装时要考虑材料本身性能和色彩特异效果的关系处理。有光泽的涂层、层压面料在服装面料中的应用很广泛。特别是一些舞台礼服很是适合。图 2-50 为光泽色系在服装中的运用。

图 2-47　蓝色在服装中的运用

图 2-48　白色在服装中的运用

图 2-49　黑色在服装中的运用

图 2-50　光泽色系在服装中的运用

3. 服装面料色彩的配色基本法则

服装面料配色实际上是服装面料色彩的组合。我们在确定服装面料色彩之前，不仅要搞清楚每种色彩的性格，还要掌握配色的艺术性与配色的基本方法，要懂得如何确立主色调，或者从什么色彩开始。服装面料上的色彩不仅要把握宏观效果，还要从微观上注意色彩与色彩之间明度、色相、纯度等因素的适度关系性，这也是在服装面料色彩搭配活动中所要遵循的基本法则。

（1）同类色在服装面料色彩上的运用

同类色是由同一种色调变化出来的，只是明暗、深浅有所不同，如深红与浅红、墨绿与浅绿、深黄与中黄、深蓝与天蓝等。它是某种颜色通过渐次加进白色配成明调，或渐次加进黑色配成暗调，或渐次加进不同深浅的灰色配成的。

同类色组合在服装面料上运用较为广泛，配色柔和文雅，出现的效果平和入眼，如图 2-51 所示。

（2）互补色在服装面料色彩上的运用

互补色配色是指色环上两个相隔比较远的颜色相配，一般呈 180° 左右排列。它们在色调上有明显的对比，如黄色与紫色、橙色与蓝色、红色与绿色。它们给人的感觉比较强烈，所以互补色的搭配显得个性很强，视觉冲击力也很强，同时如果运用不好互补色的话，很容易导致面料在服装上不够整体和谐。所以对这种服装配色，首先要注意其统一调和的因素，特别是互补色之间面积的比例关系。例如，“万绿丛中一点红”给人的是强烈而清新的视觉刺激，正是红、绿两种互补色在面积上的合理比例所造成的。图 2-52 为互补色在服装中的运用。

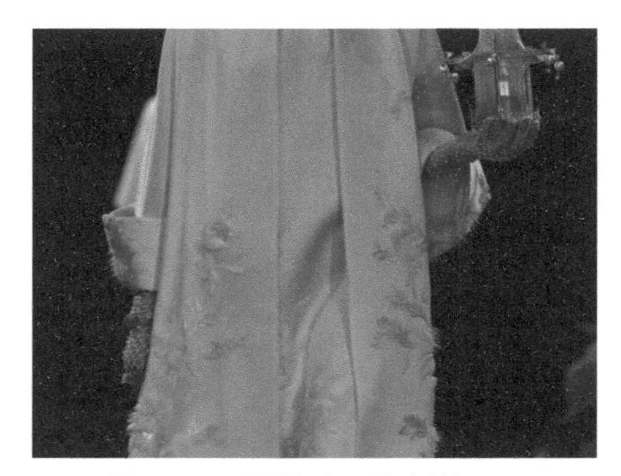

图 2-51　同类色在服装中的运用

图 2-52　互补色在服装中的运用

除此之外，还有类似色、相对色、对比色的面料颜色搭配可以在面料设计中使用。

第三章
服装面料再造的设计灵感

与所有的设计一样，面料再造设计思维一般都是由概念入手，设计灵感是设计师进行服装面料再造设计的驱动力。灵感的产生或出现都不是凭空的，一件完整的面料再造设计作品在开始创作之前往往需要很多关于当下设计的积累和调查。它是设计师因长时间关注某事物而在大脑思维极为活跃状态时激发出的深层次的某些联系，是设计师对需要解决的问题执着地思考和追求的结果。在面料再造设计方面，它表现为设计师不断辛勤的、独特的观察和严谨的思考，并辅以联想和想象，通过各种工艺和艺术手段，实现服装面料再造设计。总的来说，服装面料艺术再造的设计灵感可以来源于宇宙间存在的万事万物。

灵感是保证服装设计的持续性创新力和生命力的关键，因此，我们广大服装设计师和面料设计师应重视灵感的发现和掌握。灵感的获取途径有很多，本章主要介绍以自然风光、传统文化、建筑风格、其他艺术形式以及科技进步为基础对面料再造设计带来的突破等为主要灵感来源做出的设计。

第一节　灵感来源于自然风光

在古代，老子主张回归自然，以保持纯真的天性；庄子向往和追求自由，认为“天地有大美而不言”。潮起潮落、昼夜更替的大自然给予了这个世界应有尽有的美好形态，它是最好的灵感来源。它的各种形态是服装面料再造设计应用最广泛的灵感，大自然总是给予设计师取之不尽用之不竭的创造力，激发设计师的创造激情（图 3-1）。设计师也会通过对自然界的观察与思考，提炼不同的自然现象和材质进行创造，如动物身上的斑纹、花草树叶的形状、河流山川的走势、日月星辰的变换等，都为面料的再造设计提供了无限的设计灵感；并结合工艺表达手法将其运用于面料再造设计中，创作出许多充满再造的服装面料。

图 3-1　路易威登服装发布会中以大自然为灵感元素的服装

一、以山川河流为灵感

登山则情满于山，涉水则意溢于水。古人对山水有着与宗教一样的崇拜和敬畏，他们或“独坐幽篁里”，或“相看两不厌”，欣赏着“野旷沙岸净，天高秋月明”的萧瑟幽远，领略着“惊涛拍岸，卷起千堆雪”的波澜壮阔，充溢着“飞流直下三千尺，疑是银河落九天”的荡气回肠。山水给了古人无端的感动和莫名的哀伤，他们对山水的渴求挚恋，即对生命本身的渴求挚恋。中国山水画的产生源于古人对山水的崇尚之情，它体现了古人对自然的独特情感和热爱，同时山水也是古人寄托情感的景物，他们在山水之中寻找并反思自我、悟得人生真谛，因而中国山水画师赋予了山水画独特的意蕴。而服装设计师更是和山水（图 3-2、图 3-3）如影随形，他们运用各种的面料再造设计手法来表达自己心目中的山水风貌。

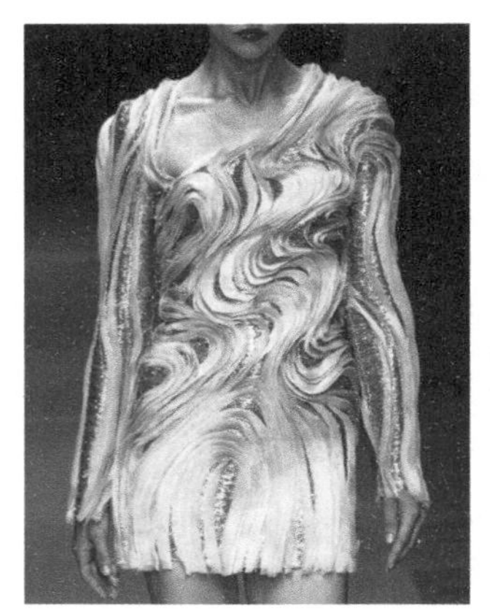

图 3-2　以浪花为灵感的服装设计 1

图 3-3　以浪花为灵感的服装设计 2

在很多秀场上我们都可以看到以山水为灵感的设计，如盖娅传说 2020 秋冬的设计中以水墨山水为灵感，运用刺绣的表现手法来表达这一灵感。整体服装运用面料渐变来表达水墨韵味，以局部的刺绣山水加以点缀。如图 3-4 中的山水图案是运用数码印花的现代面料再造手法来表现的。

图 3-4　山水图案通过数码印花再造手法在服装中的展现

除了上面提到的盖娅传说外，还有很多服装品牌运用山水的元素作为面料再造灵感。比如中国设计师 NE·TIGER 将山川的壮阔加上流苏工艺，使服装上的山川元素多了几分的柔情。来自俄罗斯的服装设计师 Alena Akhmadulina 的同名品牌，其灵感来自神话故事《Sadko》及日本浮世绘画家葛饰北斋的著名木版画《神奈川冲浪里》。设计师运用面料拼接、压褶、数码印花等多种面料表现手法表现出海水的动感与极具冲击力的视觉效果（图 3-5）。

图 3-5　山水元素在服装面料中的运用展示

二、以动植物为灵感

在悠久的服装纹样史中，动物图案和植物图案通常是最常用的（图 3-6）。从中国传统图腾图案的历史背景来看，龙图腾和植物图腾是两种主要的图案。设计师可以在中国传统图腾文化的基础上，将传统的动植物图腾图案转化为现代面料。此外，欧洲的神话故事中，也少不了动植物的元素。

图 3-6　以植物为灵感的服装

1. 以动物为灵感的面料再造

大自然作为艺术家和设计师的灵感缪斯，其中最有时尚度和气势的一定就属动物纹样了。动物天然形成的毛皮斑纹为服装设计师提供了丰富的设计素材，设计师更是大胆对动物图案做出各种创作，运用绣花、数码印花、激光切割等多种手法来传达设计灵感。

说起 Kenzo（凯卓）品牌大家首先会想到的就是刺绣老虎头元素，而老虎头标志当初的灵感来自日本妈妈为了不让孩子的制服混淆为其绣上的属于个人的专属图案，而设计总监正巧看到创办人高田贤三西装里头有个老虎刺绣，便创立出这个象征品牌的图样。在 2020 秋冬设计中（图 3-7、图 3-8）Kenzo 持续以大胆、天马行空的核心理念游走在时尚领域，以涂鸦、绘画的表现形式，独到的艺术美感与理念延续品牌创始人高田贤三的印花元素，并加入更多活力大胆的因子。

图 3-7　Kenzo 2020 秋冬老虎刺绣服装展示

图 3-8　以动物为灵感的面料再造 1

中国本土设计师王玉涛的个人品牌 B+ 广受年轻人喜欢的原因，也在于每一季都以一个动物的形象为核心元素。王玉涛认为："爱是我创作的核心，因为我觉得动物是人类最好的朋友和敌人，不喜欢的就是敌人，喜欢的就是朋友，是能分担忧愁的伙伴。"王玉涛希望通过动物这样一个载体，反映出我们的内心。

B+by Beautyberry 在 2017/2018 秋冬系列中设计灵感来源于他在非洲大陆旅行的经历，与花豹偶遇、繁星装点夜空、黎明曙光的惊艳，充满激情的自然元素演绎 B+ 的摩登语言。与 B+by Beautyberry 的熊猫、猫咪一样，个性化的俏皮风格成为这一季延续高辨识度的品牌 DNA（图 3-9）。

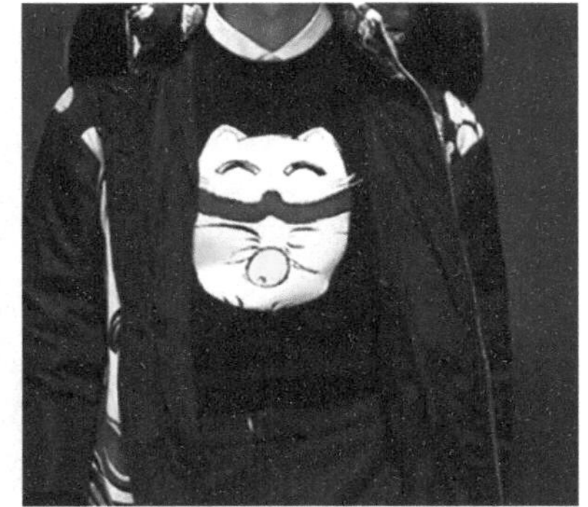

图 3-9　以动物为灵感的面料再造 2

众所周知，亚历山大·麦昆（Alexander McQueen）是一位鸟类爱好者，1995 年他将自己的春夏系列命名为"The Birds"，采用大量羽毛堆叠，展现出类似于鸟兽类"野性之美"。随处可见的翅膀造型装饰，同时呈现着具有维多利亚时期阴郁的哥特式美感。甚至在莎拉·伯顿（Sarah Burton）接手之后，羽毛与飞鸟元素在全新的 Alexander McQueen 品牌设计中得到了继承，使得服装作品中继续延续着麦昆对鸟类的迷恋。麦昆将自己对鸟的热爱，凭借他敏锐的洞察力和丰富的创造力，以自然界的灵感元素在他的艺术作品中淋漓尽致地展现出来（图 3-10、图 3-11）。

图 3-10　以鸟为灵感的面料再造 1

图 3-11　以鸟为灵感的面料再造 2

同一种灵感元素在不同设计师的面料再造工艺表达下也呈现出不同的视觉效果。例如经常被设计师运用到的蝴蝶元素（图 3-12、图 3-13）。

图 3-12　以蝴蝶为灵感的面料再造 1

图 3-13　以蝴蝶为灵感的面料再造 2

在时尚界“居里夫人”艾里斯·范·荷本（Iris van Herpen）惊艳的2018秋冬系列中（图 3-14、图 3-15），她的灵感来源于鸟飞翔扇动翅膀时的连续摄影动作，她运用梦幻又前卫的PVC“面罩”，多款重叠曲线切片的裙装如诗如画地营造出迷幻色彩相互交织的曲线，如鸟类挥动翅膀划过的痕迹。

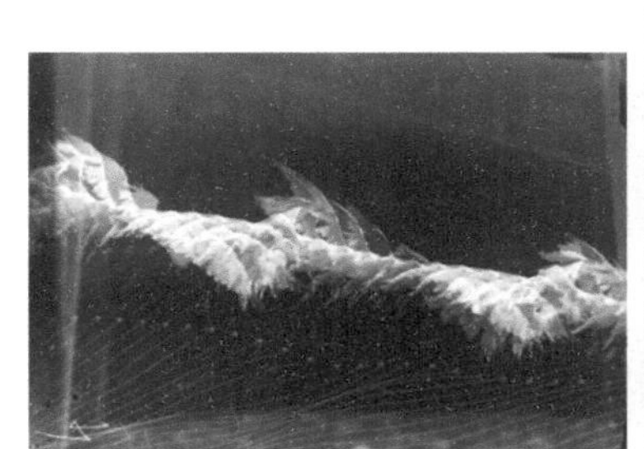
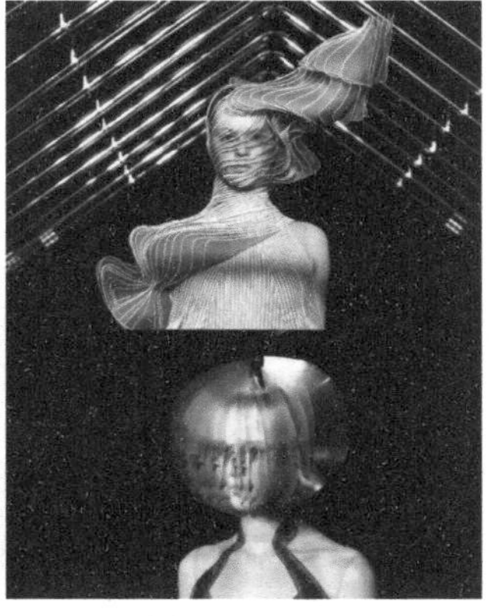

图 3-14　Iris van Herpen 2018 秋冬系列 1

图 3-15　Iris van Herpen 2018 秋冬系列 2

2. 以植物为灵感的面料再造

在自然界中，最合适的方法是使用花卉、植物和树木来描述自然界。如果设计师想展示自然，可以使用花瓣的形状（图 3-16）和花朵的颜色、形状（图 3-17 ~ 图 3-19），不同草的颜色、形状和长度，树木的形状、木材的颜色和质地等将之相关联，并作为服装面料设计的灵感来源。

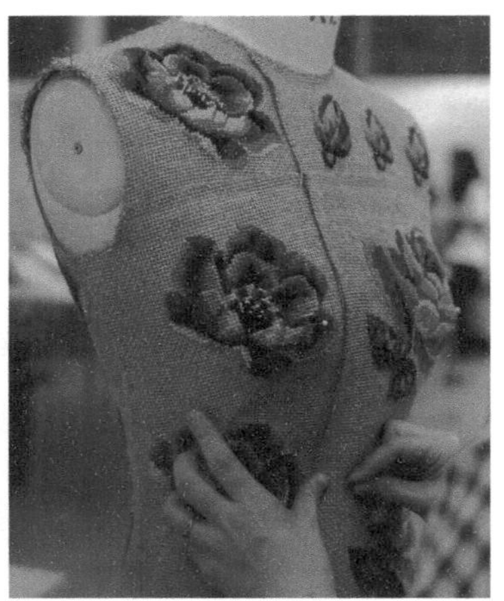

图 3-16　以花卉为灵感的面料再造

图 3-17　植物元素在服装面料中的运用

图 3-18　提取花朵和草的颜色在服装面料中的运用

图 3-19　提取花朵的形态在服装面料中的运用

有着“印花奇才”之称的理查德·奎因（Richard Quinn）加入 Moncler Genius 团队的首秀 2019 秋冬系列中，就是以“花卉”作为整场大秀的设计主题，“鲜明的冲突”成为这一系列的主旋律。这种冲突感不仅仅表现在色彩选择方面，也体现在不同元素的综合运用上，随处绽放的花卉元素产生了强烈的视觉效果（图 3-20）。

图 3-20　印花面料在服装中的运用

迪奥 2020 春夏系列通过花卉元素反映生态保护的可持续道路（图 3-21）。它将真实的花卉和树木融入了夏季的时装大秀之中，身披繁花、行走林间的迪奥女孩宛若山野仙子，而这些鲜活的生机不止停留于迪奥的梦幻花园，更被移植延续到秀场之外更广阔的自然生态之中。164 棵树木构建的生态花园，以及每一件服饰上的真花印绘，都是玛丽亚·嘉茜娅·蔻丽（Maria Grazia Chiuri）及其所带领的迪奥品牌所要传达和实践的环保理念——将秀场打造成一个象征着生物多样性的“包容性花园”（Inclusive Garden），并将“花园”这一概念转化为具体的行动，在人们生活的社区中创造出更多真正的花园。

图 3-21　迪奥 2020 春夏系列服装展示

除了上述列举的设计师都曾通过植物为灵感来抒发设计师的美好意愿外，有些设计师还使用植物本身外在结构作为服装的装饰，并运用多种面料再造表现手法，突破二维面料的质感，使服装面料展现立体化，让灵感元素成为服装的点睛之笔（图 3-22、图 3-23）。

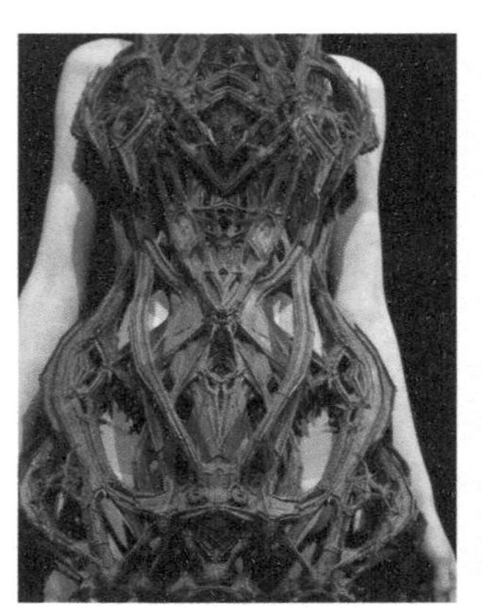

图 3-22　通过 3D 打印技术展现植物的肌理感

图 3-23　通过面料的立体造型来表现灵感元素

三、以日月星辰为灵感

对于设计师而言，他们不仅仅着眼于这些日常可见的山川河流、花草树木、蓝天白云、日月星辰，世间万物都可以变成他们的设计灵感，并从中诞生出一件又一件引领时尚圈潮流的作品（图 3-24）。

图 3-24　月球表面的肌理感带给服装面料的灵感

某品牌在 2015 秋冬发布的高定裙装中，设计师将星辰宇宙都绣在了华丽的裙摆上，除了刺绣工艺，也有面料提花等表现手法。整个系列服装仿佛从深夜直到破晓，手工制作的银色星光遍布全身，配合接近黑色的深蓝背景好像拥有一种无形吸力，让人欲罢不能，美得包罗万象、无比精妙（图 3-25、图 3-26）。

图 3-25　以星辰为灵感的面料再造 1

图 3-26　以星辰为灵感的面料再造 2

华伦天奴 2015 早秋系列与名画背景相结合，刺绣、钉珠、烫钻等面料工艺随处可见，使星辰元素在时尚与艺术的结合中更有意境（图 3-27）。

图 3-27　以星辰为灵感的面料再造 3

除了上述设计里，日月星辰元素在服装面料中被以完整的形象展现出来外，我们还可以通过下面局部的面料再造设计学习设计师的再造表现手法（图 3-28）。

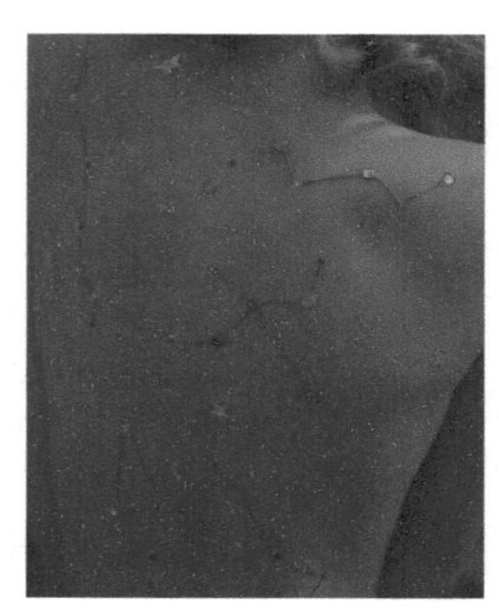

图 3-28　以星辰为灵感的面料再造 4

第二节　灵感来源于传统文化

从传统文化中寻找灵感是面料再造设计的重要途径，不同地域的人们因其政治、经济、文化、宗教信仰不同而对服装色彩的理解各不相同，这些领域都凝聚了人类的智慧和美学意识。不同民族服饰的服装面料制作工艺也各不相同，不同的制作工艺给服装面料的再造提供了再造设计的方法，如扎染（图 3-29）、蜡染等工艺应用在服装面料再造设计中，使服装具有浓厚的民族服饰色彩。再如西方中世纪时期，随着基督教文化的展开和普及，拜占庭服装把表现的重点转移到了面料的质地、色彩和装饰纹样的变化上，人们多使用华美流苏、花纹织物、滚边以及宝石镶嵌来再造服装的面料使当时有了“奢华的年代”之称（图 3-30）。民族文化的差异往往使设计师产生更多的艺术灵感，它也是服装设计师进行服装面料再造设计的重要艺术依据。

图 3-29　中国传统的手工扎染

图 3-30　面料上镶嵌宝石、刺绣和珠绣等工艺

一、以东方传统文化为灵感

“中国有礼仪之大，故称夏；有服章之美，谓之华。”民族文化元素是中华民族经历漫长历史所创造累积形成的，其充分反映了中华民族的人文精神与民族心理，是一种中国特有的文化成果，包含物质文化元素、精神文化元素两部分。作为中国优秀传统文化不可或缺的构成部分，传统文化元素与历史一同被赋予了宝贵的文化价值与底蕴。现代服装设计所展现出的审美价值，大都源于整体美，整体设计上追求色彩、面料、款式等的协调统一。随着社会经济的不断发展，在多元文化背景下，我国服装设计师应当推进现代服装设计与传统文化元素的有机融合，这样不仅可推进对中华民族传统文化精髓的弘扬与传承，还可满足现代人的审美需求及民俗情怀。

在服装面料再造设计中，设计师应当提高对传统色彩所蕴含文化内涵的深入认识，并开展有效创新。不仅要注重对传统色彩的灵活运用，还要紧扣现代时尚潮流，推进对传统色彩的重新设计、重新整合，进而切实提升色彩的表现力。红色在中国传统文化中代表着喜庆、祥和，在诸如服装以及剪纸、春联、灯笼等传统工艺品中这种色彩得到了广泛应用，其某种意义上也代表了中华民族的文化图腾和精神皈依的一部分（图 3-31）。

图 3-31　红色的剪纸在面料再造中的运用

黄色象征着尊贵、光明，也在众多领域得到了广泛应用。在戛纳电影节上，我们看到国际巨星蕾哈娜身穿黄色“龙袍”在 Met Gala（纽约大都会艺术博物馆慈善舞会）“中国·镜花水月”上亮相，成为话题的焦点。而这件金黄刺绣“龙袍”出自中国设计师郭培之手。在古代中国黄色是皇室的御用颜色，象征着帝王的权威，同时也代表了财富和辉煌。在此次 Met Gala“中国·镜花水月”红毯上，大部分明星都选择了红色和黑色，而蕾

哈娜是唯一一个身着黄色的人，这件黄色“龙袍”的造型毫无疑问成为本次红毯造型的最大赢家。

其次，是传统图案在服装面料再造设计中的应用。通过对传统图案的再设计、再创造，使其一方面保留传统图案的特征，另一方面又很好地秉持现代设计理念，最终实现对某种特定思想情感的充分表达。传统文化元素中包含了大量的图案元素，中国传统图案有着光辉的历史和惊人的成就。从新石器时代开始，我们的祖先使用图案来记录简单的事物，不仅记录下了当时的生活，而且还怀着信念使精神得到寄托。后来在彩绘的瓷器工艺品上也刻有鱼纹等图案，以表达人们对神的尊重。随着时代的发展，出现了各种各样的纹样。

中国传统图案为现代服装设计提供了丰富的素材，诸如古典图案、民间民俗图案、少数民族图案等，这些传统图案充分反映了过往人民的思想情感，以及对美好生活的渴望与追求。例如京剧脸谱、皮影戏等传统图案，还有古代服饰中的民族纹样等。由于中华民族有五千年的历史，受中国传统文化的影响，人们更加关注内在的表现，所以传统的中国服饰纹样就成为人们灌输情感、表达愿望的一种形式，同时也可以给人们以视觉上的冲击。因此，除了改变图案之外，设计师还更加关注传统的图案，因为人们越来越多地注意到这些美丽图案所代表的含义和丰富的内容特征，并且它们同时还能够传达某些历史意义。如图 3-32 中盖娅传说在 2020 年发布会上，将中国的传统纹样提取出来，通过提花等面料再造手法来表达对传统文化的尊重，力图运用传统纹样进行打破、重组，将传统纹样现代化（图 3-33、图 3-34）。

图 3-32　将传统纹样提取出来并通过提花等面料再造手法来表达

图 3-33　运用传统纹样进行打破、重组

图 3-34　传统服饰纹样原型

最后是传统工艺在现代服装面料再造设计中的应用。作为服装面料肌理花样中的一朵奇葩——扎染，在时尚设计领域有着独特的价值。扎染是中国传统“国粹三染”之一，其独特的染色技术与一般的印花工艺不同，图形图案和立体视觉效果都很独特。讨论民族化，整合最新印刷

和染色技术与手段，结合最新的时尚要素，打破保守、缺乏创新的现状，有助于将扎染技术应用于高级成衣。如迪奥 2019 春夏的扎染印花系列（图 3-35），迪奥以扎染为设计主题，和很多品牌喜欢的彩色扎染元素不同，迪奥的色彩归于蓝染，是一种更贴近于自然植物的靛蓝色。除了迪奥以外，普拉达等服装品牌中也都有用到扎染工艺作为服装面料再造设计的手法来设计的服装（图 3-36、图 3-37）。

图 3-35　迪奥服装设计中运用扎染的效果展示

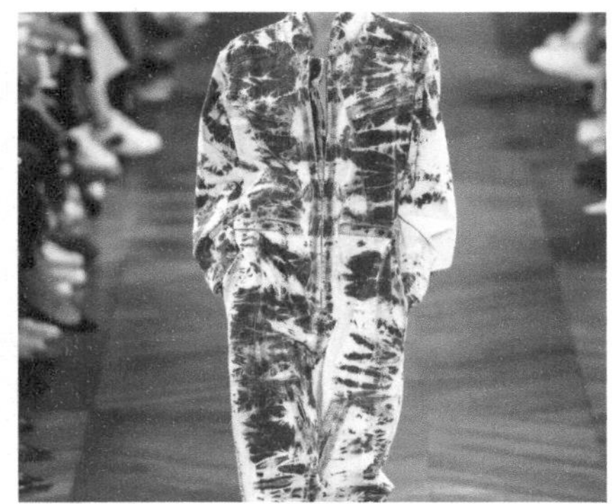

图 3-36　扎染服装面料效果展示 1

图 3-37　扎染服装面料效果展示 2

剪纸工艺作为中国的传统工艺也经常被设计师运用到服装面料当中。如著名服装品牌LANYU（兰玉）曾在巴黎发布的2016秋冬高级定制系列，该季高定设计的灵感源于最能代表东方文化的传统技艺之一——剪纸。兰玉将这一传统手工艺以国际化的视野和时髦的设计重新解构，将剪纸、苏绣与蕾丝、毛呢统一到一个视觉体系中，呈现出令人惊叹的东方雅致之美（图3-38）。

图3-38　剪纸工艺在服装上的运用

刺绣是我国独特的传统工艺，有着悠久的历史。早在秦汉时期，刺绣的工艺技术就发展到了较高的水平，它和丝绸是汉代封建社会经济的重要支柱之一，也是古代丝绸之路上对外输出的主要商品之一。它对纺织工艺技术和丰富世界的物质文明做出了重要的贡献。我国传统的四大名绣分别是：江苏的苏绣（图3-39）、湖南的湘绣（图3-40）、广东的粤绣（图3-41）和四川的蜀绣（图3-42）。苏绣风格为“精、细、雅、洁”。湘绣以着色富于层次、绣品若画为特点，针法从参针为其特色，参针也称乱插针，民间有苏猫、湘虎之说。粤绣又称广绣，其花纹繁缛而不乱，色彩浓艳，对比强烈。这种风格热烈明快，具有浓郁的地方特色。蜀绣也称川绣，以软缎和彩丝为主要原料，用晕针、切针、拉针、沙针、汕针等100多种针法，充分发挥了手绣的特长，形成了具有浓厚地方色彩的风格。刺绣是很多设计师会运用到的面料工艺，同样它也为设计师带来了很多灵感。

图3-39　苏绣

图3-40　湘绣

图 3-41　粤绣

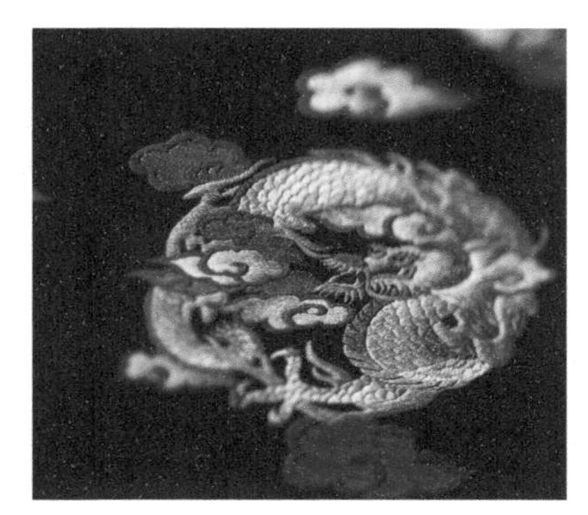
图 3-42　蜀绣

二、以西方传统文化为灵感

西方人多有信仰，如在《圣经》中，黑色象征着魔鬼、邪恶和不幸，白色则是上帝、天使、幸福、欢乐、美德的象征。与中国的习俗正相反，西方人认为白色是传统的新娘服饰，象征着纯洁的爱情，而红色总是和暴力、革命、危险息息相关。如土耳其设计师 Dilara Findikoglu 喜欢收集维多利亚时期的成衣，并且喜欢它们的不完美，包括穿过很多次、磨损得厉害都能成为她的心头好，因为它们饱经沧桑仍然具备着逝去生命的美，而象征摇滚朋克的红色就是她的设计作品当中不可或缺的那一部分。在 2020 春夏系列中，她大胆解构封建王朝的奢华风格，唤醒暗黑哥特式的服饰美学（图 3-43）。

图 3-43　哥特式的服饰美学

西方图像的构成多基于神学概念，他们信奉基督和希腊诸神等神灵，他们认为自己信奉的神灵可以对国家、团体以及个人起到保佑的作用。西方“天人相分”的观点认为美就是真，从希腊神话中派生出来的许多逸闻趣话，与异教传说结合，产生了很多象征复活、重生、幸福、丰收的吉祥纹样。比如“美杜莎真相”象征着幸福、丰收，在智慧神雅典娜盾牌上，就有美杜莎头颅；“丰饶之角”是来源于希腊神话中宙斯把他所想到最美好的东西献给养母山羊作为感谢，象征着收获、繁荣、交易、富贵、商贸；“金龟子宝石”象征再生、复活，现代埃及人死后，都要在胸前放置金龟子形状玉石，以期盼死后复活；希腊神话中达芙妮为躲避阿波罗的求爱追赶，变成的“月桂树”用来象征期盼消除厄运、胜利和光荣。即使是极其简单的“十字形”符号在基督教信仰中，也可以作为护身符驱赶自然的恶势力和魔鬼保佑自己。西方的水果大部分从中东地区传入，大部分承袭了中东祥瑞的含义。基督教把草莓视为圣母玛利亚爱的标志；苹果在希腊神话和基督教中是禁忌的果实；石榴象征幸福、华丽、丰收、希望；无花果在基督教国家中被尊为拯救世人的象征，而在古罗马无花果被作为丰收、多产的象征，受到人们的尊崇。可以看出，西方的吉祥纹样基本都是以宗教故事为背景，某些事物被赋予某些特定的吉祥含义而受到人们的信仰与喜爱。如图 3-44 中的服装便是以西西里大教堂的壁画和马赛克艺术为灵感，每一套都如同艺术品般华丽精美。除此之外，还有很多设计师在自己的发布会秀场中也将建筑元素运用到服装面料设计当中（图 3-45 ~ 图 3-47）。

图 3-44　以西西里大教堂的壁画和马赛克艺术为灵感的服装面料再造设计

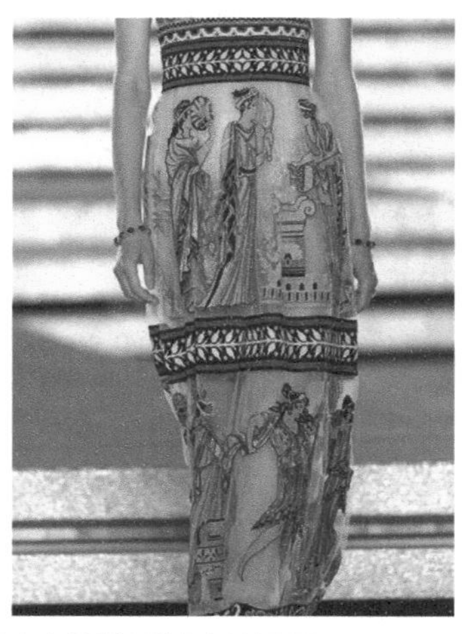

图 3-45　西方建筑元素在服装面料中的运用

图 3-46　让 - 保罗 · 高缇耶（Jean-Paul Gaultier）2007 A/W 发布会

图 3-47　迪奥 2000 秋冬秀场

在传统工艺上，16 世纪 20 年代德国花边已较普及，1542 年意大利出版了第一本雕绣花边图案样本，16 世纪比利时和法国北部又发展出绕线管花边（图 3-48）。

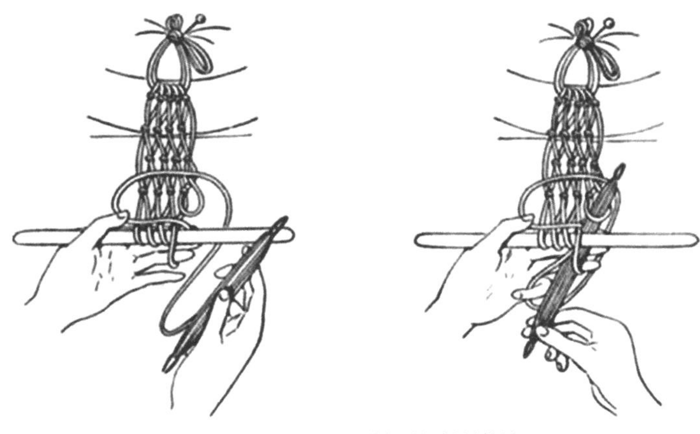

图 3-48　手工编织的欧洲花边

法国丝带绣是用色彩丰富，质感细腻的缎带为原材料，在棉麻布上配用一些简单的针法，绣出的立体绣品（图 3-49）。

图 3-49　丝带绣

民族文化是社会变迁的一面镜子，折射出各个国家社会的政治变革，经济发展以及社会风俗习惯的变迁，对当代服装面料再造设计的发展有着重要的指导意义。

第三节　灵感来源于建筑风貌

建筑与服装一直以来均为视觉艺术的表现形式，它们之间相互影响已久。在服装设计领域中，建筑与服装有着许多共通性。首先，它们的一些特定称谓颇为相似，如建筑中有门、檐、窗、柱、梁的称谓，服装中也有门襟、肩垫、帽檐、帽柱、裙撑等专业词汇。其次它们在造型结构、装饰风格上也有着惊人的相似之处。因此，服装设计师在作品的再造构思中，可将建筑造型元素与服装本体进行结合，从建筑中挖掘出造型元素并运用到服装设计中，创作出更具艺术价值和审美趣味的服装设计作品（图 3-50）。

图 3-50　以建筑为灵感的服装展示

建筑材料、服装面料分别是构成建筑与服装的重要元素，从设计的角度看，它们存在相似的表现技巧，可以相互影响与运用。建筑设计师常常会运用打褶、悬垂、交叠等手法表现建筑的外部造型和内部结构。无论是建筑还是服装面料，都具有自己的功能，但在审美功能上却是一致的，它们通过线条、形式节奏、色彩变化和对房间进行各种不同组合的调整吸引着人们的注意力并塑造审美感觉，最后就效果而言，尽管感官印象在建筑和服装上有很大的不同，它们都非常富有表现力，并且都以某些形状、图案、颜色和纹理唤起人们的情感反射。即使我们不知道其工艺和裁剪方法，穿着西装和皮鞋的感觉也与牛仔服完全不同；表达艺术是一种感觉，而这种感觉通常是不必要的。这就是没有建筑和服装的人们如何能够根据主观感受研究、判断和选择建筑和服装的原因。

一、以东方建筑为灵感

服装是建筑的缩影。在中国北方的游牧民族（如蒙古族）的服装上绘制或刺绣着大量的花卉和装饰花边，经过仔细观察，便不难看出这是“蒙古包”建筑在其服装上的再现。而这种再现是通过面料再造设计来充分体现的。1910 年，法国的服装设计师保罗・布瓦列特 (Paul Poiret) 创造的豪华服装“尖塔服”，从腰部以下用层层阶梯式多褶裙构成塔状，其创作艺术依据的就是清真寺的尖顶结构。

其他如缅甸、泰国、斯里兰卡等国家的建筑也是金碧辉煌，反映在服装上便是使用了大量的金黄色面料。2003 年，土耳其本土设计师以清真寺为设计的艺术依据，将建筑物的室内外色彩和形状构成设计概念表现在面料上。

被称为“面料魔术师”的日本服装设计大师三宅一生，善于运用打褶、交叠等工艺手法进行服装的外部造型。2016 秋冬巴黎时装周发布会上，三宅一生发布了其最新服装设计作品。整个系列的服装依靠金属感的面料和褶皱的流线形成服装的廓形，具有建筑的立体感。流线感的褶皱和充满立体的造型，使面料与建筑感完美融合（图 3–51）。

图 3–51　充满建筑感的再造面料

从社会学的角度看，服装与建筑都隶属于社会学研究范畴，同样存在着相同的语言片段，同时也反映着同时代人们的精神文化和物质生活。随着时代的进步与发展，建筑风格、审美观念必将不断改变，这也将对现代服装设计产生深远影响。服装设计将不断从各种建筑物中获取养料和创作灵感，设计师们也会用极具建筑结构美的造型，设计出惊艳的作品，并在时尚 T 台上大放异彩。

二、以西方建筑为灵感

由于服装与建筑的密切关系，两者在历史上同一时期的设计风格也多是相同的。在哥特式服饰中，我们可以看到各种尖锐的三角形，像哥特式建筑的尖塔一样延伸向天空；巴洛克式的服装和建筑追求夸张的堆积和壮丽；虚幻奢华的洛可可式建筑是贵族的居所。其实，无论你选择研究历史建筑如教堂、宫殿、戏院、贵族住宅、普通建筑，甚至是自己的家，只要你仔细观察，你就会受到启发。摩天大楼的反光玻璃表面，可以使用质感闪耀的现代面料表达；海滩上旧木屋上剥落的油漆可能会让你想起波浪图案；或者，为比萨斜塔增色的拱廊立柱，可以用在错综复杂的袖子和紧身胸衣的蕾丝上；古希腊神庙立柱上的装饰线条经常被折叠成绣花连衣裙的褶皱；克里斯莱建筑物上的格式化装饰性艺术设计也可能融入一张有荷叶边的廓形中。过去 T 台上的高级女装，它们大多有着强烈的建筑风格，面料的褶皱和层叠处理，锯齿大波浪的色彩分布都是明显的建筑风貌。

一直被称为“软建筑”的服装与建筑渊源由来已久。中世纪时黑格尔曾把服装称为“流动的建筑”，也有称为“贴身的建筑”的说法，一语道出了建筑与服装之间的微妙关系。欧洲服装的演变虽先后受到文艺复兴、巴洛克、洛可可等文艺思潮的影响，但带有类似建筑外形特征的服装款式却绵延不绝，直至今天。例如，欧洲妇女自文艺复兴以后，一直喜欢用鲸骨或藤条做骨架，将裙子撑得鼓鼓的，较典型的有 16 世纪的西班牙式“法琴盖尔”裙撑（图 3-52），19 世纪的“克里诺林”式裙撑（图 3-53）等。由于裙撑越做越大，以致影响到了当时部分建筑结构的尺

图 3-52　16 世纪的西班牙式“法琴盖尔”裙撑

图 3-53　19 世纪的“克里诺林”式裙撑

寸，人们不得不将门框和楼梯的宽度拓宽，以便使穿着这种鸟笼一样裙子的妇女能够通行无阻，这种颇具建筑特征的裙子，恰如黑格尔所说的那样“就如同一座人在其中能自由走动的房子”。

古希腊的服装和古希腊的建筑一样完美地遵循着黄金分割比例的原则，重视几何图形的运用（图 3-54），并且认为数量关系规则能够影响服装和建筑的外观美观性。披挂的服装形式，使宽大的面料自然下垂形成诸多赋予韵律感的褶裥，这些褶裥的形成就是借鉴古希腊神庙柱子表面的凹槽在光影下所呈现出来的深浅、疏密关系。

图 3-54　古希腊建筑与古希腊服装

18 世纪的洛可可建筑风格轻快柔美，此时的女性服装常用褶状花边面料，或采用方格塔夫绸、银条塔夫绸、上等细麻布、条格麻纱等柔软轻薄面料营造新的面料艺术效果（图 3-55、图 3-56）。

图 3-55　洛可可风格的服装面料

图 3-56　以洛可可建筑风格为灵感的服装面料再造

服装设计师马蒂贾通过建筑的灵感，采用特殊的材料用激光切割成小块，用“插羽”技术组装在一起的结果就是使这样做出来的作品在基因上就有着如雕塑般的体积空间感（图 3-57）。

此外，这里也有很多设计师运用建筑设计为灵感的作品供大家参考（图 3-58 ~ 图 3-64）。

图 3-57　马蒂贾通过建筑的灵感塑造出体积空间感

图 3-58　以建筑为灵感的服装展示 1

图 3-59　以建筑为灵感的服装展示 2

图 3-60　以建筑为灵感的服装展示 3

图 3-61　以建筑为灵感的服装展示 4

图 3-62　以建筑为灵感的服装展示 5

图 3-63　以建筑为灵感的服装展示 6

图 3-64　以建筑为灵感的服装展示 7

第四节　灵感来源于其他艺术形式

一、以绘画为灵感

绘画作为一种重要的艺术形式，对面料再造设计也产生了一定的影响。在社会历史的发展中，每一个时期都有着不可代替的艺术风格与流派，无论是文艺复兴风格、新古典风格、新印象画派、立体派或者超现实主义风格，还是水墨、插画、水彩画等都给服装面料再造设计带来了丰富多彩的再造设计灵感。

绘画被运用在服装面料上的再造设计中，最为经典之作就是伊夫·圣·洛朗（YSL）1966秋冬系列，十条受荷兰画家蒙德里安作品影响的裙子进入了时装史的殿堂，并且有了个专有的名字“Robe Mondrian”（蒙德里安裙）。它们是受荷兰画家蒙德里安作品《红、黄、蓝构图》的启发设计而来（图 3-65）。他在服装设计中巧妙地借鉴并运用了画中的三原色，设计出“规格不同的矩形格子”这一元素。透过色彩的完美比例，清新明快的色块，简单但极富张力，模特身上的作品呈现出艺术与时装结合的奇妙效果。这些波普风格的无袖拼接裙轰动了时尚界，这也成为伊夫・圣・洛朗的经典代表作（图 3-66）。

图 3-65　荷兰画家蒙德里安作品《红、黄、蓝构图》

图 3-66　红、黄、蓝构图在服装面料上的运用

除了伊夫・圣・洛朗运用《红、黄、蓝构图》作为服装的设计灵感外，很多设计师都有用过蒙德里安的作品作为灵感，例如巴尔曼（Balmain）2015 春夏系列（图 3-67）也采用经典的蒙德里安配色，黑白线条上配有红色、黄色和蓝色流行色，竖直的线条在视觉上颇具延伸感和流线感。

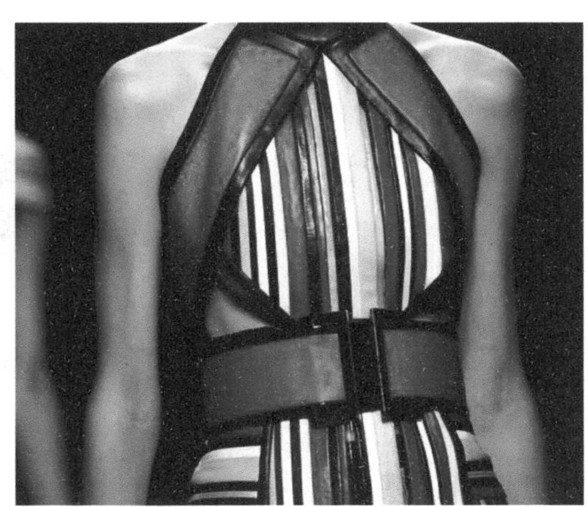

图 3-67　色彩线条服装展示

吉尔・桑达（Jil Sander）2012 春夏系列作品是以毕加索的抽象陶艺作品为灵感来源（图 3-68），用干净简洁的色彩以针织工艺表现出来，突出了女性的前卫和自由（图 3-69）。

图 3-68　毕加索抽象陶艺作品

图 3-69　抽象图案服装展示

2013 秋季高级成衣发布中，安迪・沃霍尔（Andy Warhol）的早期作品就被印在了迪奥套裙上（图 3-70）。

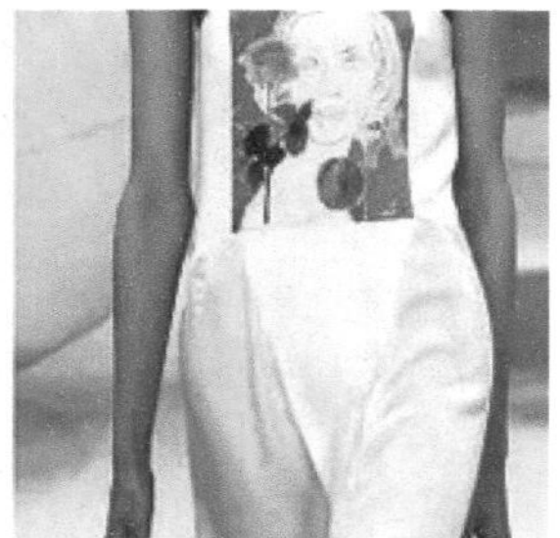

图 3-70　印有 Andy Warhol 早期作品的迪奥套裙展示

芬迪在 2020 早秋系列以“California Sky”（加州天空）为主题与插画师约书亚・维德斯（Joshua Vides）的合作款得到了众多潮人和明星们的追捧（图 3-71）。他将黑白手写风的芬迪标识贯穿了整个系列，Joshua Vides 还将品牌经典的老花图案也“漫画化”了。此外，还有不少将立体的服装“平面化”的设计，白色单品上以黑色漫画风格的线条描画出了轮廓和部分细节，以简单的印花工艺就使服装视觉效果凸显出来（图 3-72）。

图 3-71　芬迪与插画师 Joshua Vides 的合作款

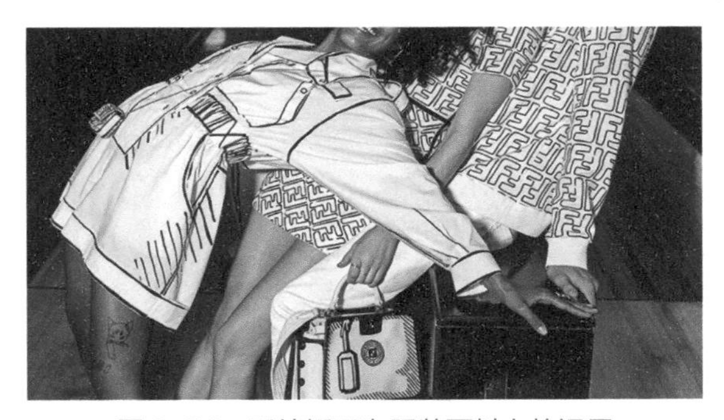

图 3-72　手绘插画在服装面料上的运用

除了上述讲到的设计师运用绘画元素在服装面料上进行的体现外，不得不提到的是维特罗夫（Viktor & Rolf）的 2015 秋冬高定系列。荷兰双子星设计师 Viktor Horsting 和 Rolf Snoeren 两位设计师将画框作为灵感，模特直接把画框和画布穿在身上走秀。以画框坚硬的材质组成了服装的边缘廓形，塑造出服装的三维立体感（图 3-73）。

图 3-73　以画框为灵感的服装展示

由此可见，绘画艺术为服装面料再造设计的更新变化提供了艺术参考，并且能够赋予服装新的艺术生命力。

二、以音乐为灵感

音乐和服装都是人类文明的重要标志，在历史的长河中，它们相互影响，相得益彰。服装中的节奏就像音乐中的节奏一样，不同的节奏变化会给人带来不同的心理感觉，服装面料再造设计也在音乐的节奏中汲取灵感（图 3-74）。

图 3-74　以音乐为灵感的服装展示

三、以舞蹈为灵感

除了绘画、音乐外，舞蹈艺术也是设计师常用的面料再造灵感来源（图 3-75、图 3-76）。

图 3-75　以舞蹈为灵感的服装展示 1

图 3-76　以舞蹈为灵感的服装展示 2

第五节　灵感来源于科技进步

人类前进需要两个“轮子”——艺术和科技，艺术创造梦想，科技推动进步。科学技术的进步，对于服装的流行有着很大的影响，从古至今，每一种有关服装技术方面的发明和革新，都会给服装的发展带来重要的促进作用，尤其是在开发新型纺织品材料和加工技术的应用上，开阔了设计师的思路，也给服装设计带来了无限的再造空间及全新的设计理念。特别是以纳米科技、生物科技、信息科技为主导的新时代的到来，新环保纤维的问世，防紫外线纤维、温控纤维、绿色生态的彩棉布、胜似钢板的屏障薄绸等新产品的问世都给服装设计师带来了更广阔的设计思路（图 3-77）。

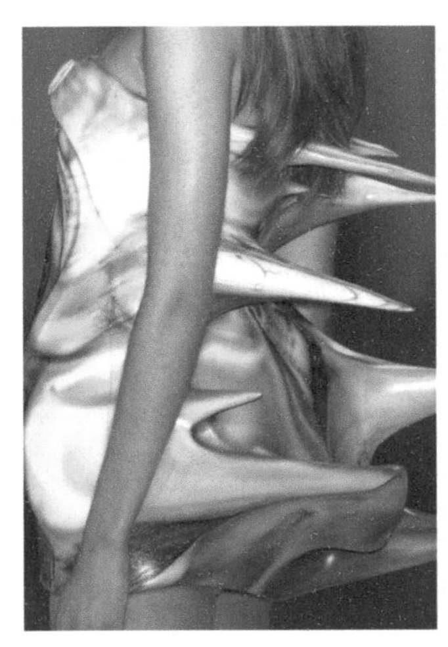
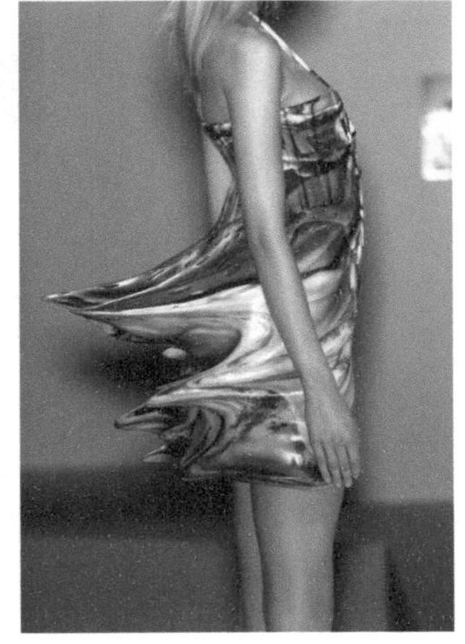

图 3-77　科技感的 3D 打印服装

传统的面料设计中，从基本原理归纳一般有这几种常用方法：改变材料的结构特征，在既成品的表面添加相同或不同的材料，零散材料的整合设计，以及对原有材料的形态特征进行变形等。但无论哪种都停留在较为表面的改造上。

科学的发展也使许多设计师突破传统面料材质的束缚，通过新型材质来表现服装新观念、新再造的梦想成真，也为服装面料再造设计带来了新的灵感来源。设计师们通过巧妙地构思，实现了新型材料应用与服装面料再造设计的有机结合，丰富了服装设计领域的设计思路以及制作工艺，让服装面料更具时代特征。

一、3D 打印的应用

3D 打印技术以其强大的物体自由成型及快速打印的能力，在传统工艺制造业上激起了一场轩然大波，由此引出了许多艺术家的灵感，许多突破次元壁垒的伟大艺术品被创造出来。3D 打印服装产业，其精确的三维扫描技术通过数据再现，为个人打造独一无二的人体模型，从而实现仿真拟合，达到完美的量体裁衣。自 3D 打印技术应用于服装以来，3D 打印出来的服装结构复杂多变，造型奇异，突破传统服装手段对于造型的限制，达到了一切形态都可应用于服装造型，一切想象都可用于服装造型的境界。自然万物，有形的无形的，固定的流动的，抽象的具体的，都可以变为服装的造型。如荷兰服装品牌艾里斯・范・荷本（Iris van Herpen）的作品定格水花，水花环绕周身最后凝固为飞溅状态，从外观看来，水花打破自然形式的限制，呈现出自由灵活的状态，给人以强的神秘感和艺术体验。最终完成的作品带有设计师强烈的个人色彩，将设计师的设计理念和情感最大限度地具象化，成为集艺术审美与个人审美于一体的伟大艺术品（图 3-78）。

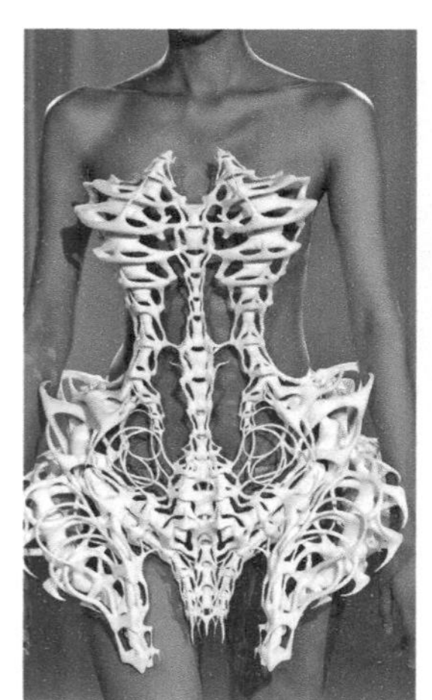

图 3-78　3D 打印服装和配饰

二、石墨烯材料的运用

早在 2010 年，物理学家安德烈・海姆和康斯坦丁・诺沃肖洛夫捧起诺贝尔物理学奖那一刻起，石墨烯这种新型材料一夜之间就变得举世瞩目。石墨烯服装材料是由生物质石墨烯与天然纤维经先进工艺融合所得，除了具有一般纤维的特征外，还具有极强的低温远红外和防紫外线功能，激活免疫细胞，增强机体机能，改善微循环，抑菌抗菌，抗静电，增温保温，这种石墨烯服装材料在功能服装与纺织领域走在了世界前列。

随着生活水平的提高，消费者对服装的要求不再仅限于耐用、舒适等功能，更加注重服装的功能及保健效果。因此，科研人员将石墨烯用于对涤纶纤维进行改性，赋予涤纶纤维独特的功能特性。石墨烯材料因其优异的性能而具有广泛的应用价值，其在纺织领域拥有极大的发展。但我国对于石墨烯的应用仍停留在研发阶段，并且制作工艺成熟度不高，均匀稳定性也不高。随着人们对石墨烯材料的不断研究发展，其在纺织领域应用将更加广泛（图 3-79）。

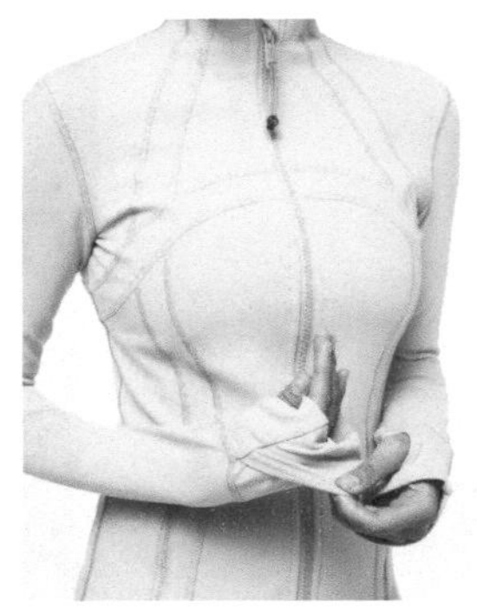

图 3-79　石墨烯材质服装展示

2018 年 2 月 25 日，平昌冬奥会正式闭幕。伴随着北京市市长陈吉宁接过奥林匹克会旗，冬奥会进入了北京时间。在平昌冬奥会闭幕式主办国交接仪式“北京 8 分钟”文艺表演中，“轻薄又保暖、防风又透气、运动又发光”的表演服装引人瞩目，服装设计与制作工作由楚艳、周绍恩老师带领的北京服装学院师生团队完成，其中就运用了石墨烯这一重要材质。冬奥会“北京 8 分钟”的表演服装有三大特点：一是要御寒，二是科技含量高，三是与时尚搭配。未来感的款式设计、防风透气的锦纶软壳材料、更加保暖的羊毛絮片填充、石墨烯主动加热、3D 运动版型、柔性发光 LED 灯珠等富含科技因素的材质叠加在一起，既有科技含量，又用到一些革新技术（图 3-80 ~ 图 3-82）。

图 3-80　2018 年平昌冬奥会闭幕式

图 3-81　2018 年平昌冬奥会闭幕式服装效果

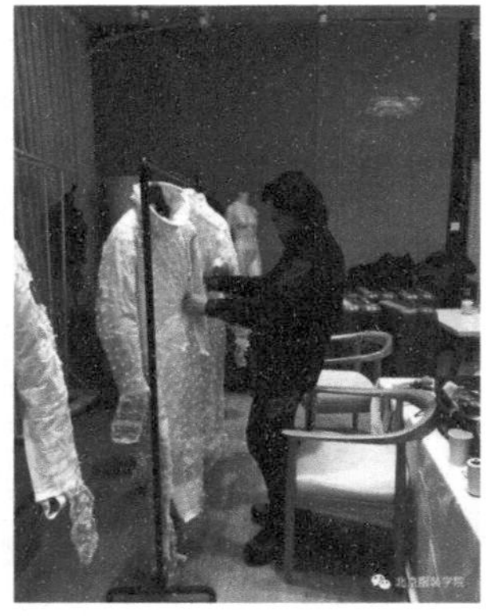

图 3-82　2018 年平昌冬奥会闭幕式服装面料再造设计

三、“发光”材质的应用

“发光”材质的面料使用了一种光学纤维，这种光学纤维能够结合所有的天然纤维或者化学纤维，纺织成各种织纹的面料，并能够满足纺织工艺后整理要求（图 3-83）。

图 3-83　“发光”材质服装展示

亚历山大·麦昆早在纪梵希（Givenchy）1999秋冬系列中就已经运用夜光面料再造工艺（图3-84），在个人品牌2004秋冬系列发布会中也有用到（图3-85）。

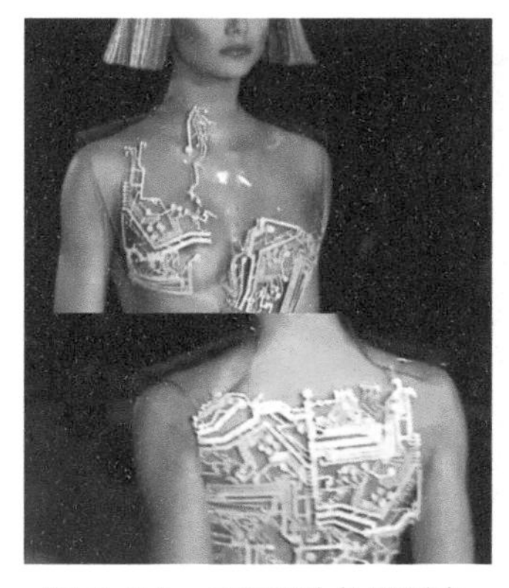

图3-84 1999秋冬系列中麦昆用到夜光材料

图3-85 纪梵希2004秋冬系列发布会中用到夜光材料

圣罗兰（YSL）在2019秋冬秀场的其中一个系列就是荧光系列秀服。在秀场的布置环节中，秀场整体营造出夜幕降临的一片漆黑之景，漆黑之中，无数变幻莫测的LED灯光渲染出奢华闪耀的舞台效果。秀场的灯光秀十分的华丽，巴黎埃菲尔铁塔之下，每个模特身穿荧光色系列秀服，化身黑夜中的精灵，缓缓走来。自带发光功能的服饰，组成了秀场的灯（图3-86、图3-87）。

图3-86 圣罗兰2019秋冬荧光系列服装展示1

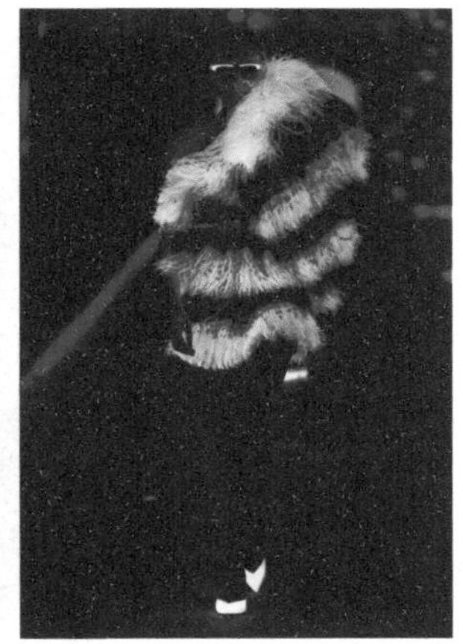

图3-87 圣罗兰2019秋冬荧光系列服装展示2

扎克·珀森（Zac Posen）在纽约大都会艺术博物馆慈善舞会（Met Gala）中惊艳亮相的长裙内含光纤的透明硬纱，裙内还缝制了30个迷你电池提供光源能量（图3-88）。

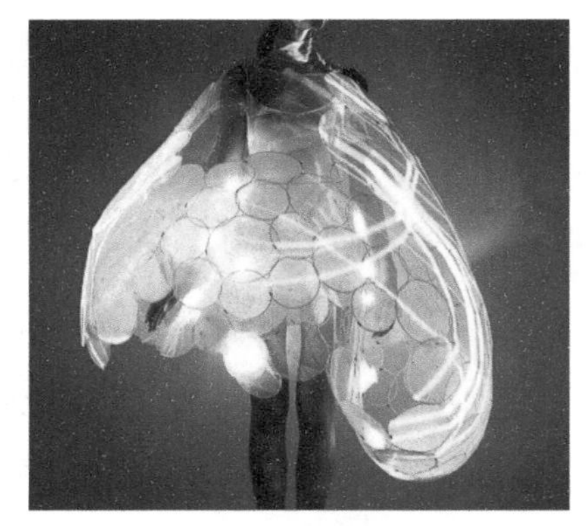

图3-88 扎克·珀森夜光材料透明硬纱长裙

四、绿色环保材料的应用

21世纪的绿色服装设计理念源于绿色消费观念的产生。这就要求我们在服装设计中注重“绿色”这一关键词。然而，这首先要做到服装设计不能造成资源浪费和保护环境。绿色服装是指在服装的设计过程中，从材料的选取，到材料生产、加工使用以及资源使用时不能造成环境污染，能够保护环境，保持生态平衡，又称环保服装。环保设计理念早在20世纪90年代就已经提出。目前，绿色服装已经成为欧美发达国家的时尚话题，如今绿色服装正在引发服装市场上的又一场无硝烟的战争。

2017年菲拉格慕（Ferranamo）就推出了绿色环保的Orange Fiber成衣系列，其采用柑橘类水果纤维制作出精致的面料。选择柑橘是因为意大利每年都会生成产超过70万吨的柑橘类副产品。所以真的是就地取材，落实了不盲目的环保理念（图3-89）。

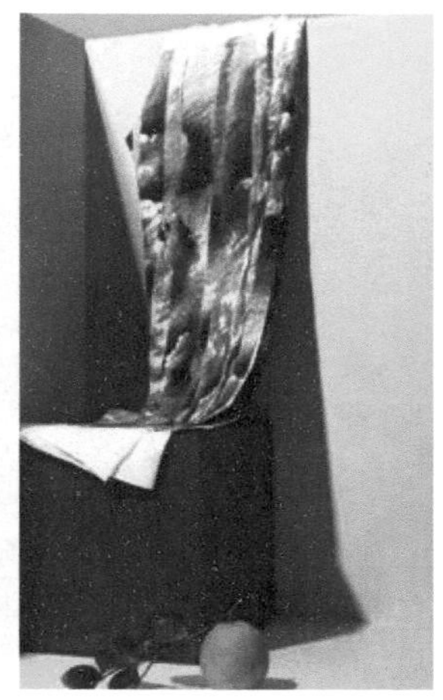

图3-89 菲拉格慕推出的绿色环保的Orange Fiber成衣系列

提起中国新锐设计师陈安琪（Angel Chen），大家恐怕想到的都是天马行空的想象力、鲜艳的颜色和那奇思妙想的趣味。在2019秋冬系列中她以中国西部的古老游牧民族羌族作为系列灵感，红、橙、黄、青构成主要的色彩，为先锋服饰点亮了民族氛围。该季她在面料上不仅有羊毛，还有一款结合BONOTTO工厂推出的创新的面料产品，由聚酯塑料水瓶制作出纱线，进行纺织。在处理工序上也是严格按照标准，使用允许的化学物质，对环境的保护贡献自己的一分力量（图3-90、图3-91）。

图3-90　Angel Chen 2019秋冬系列服装展示

图3-91　用于提取聚酯纤维的塑料瓶

纺织设计师劳伦·鲍克（Lauren Bowker）先后毕业于英国曼彻斯特艺术学院与伦敦皇家艺术学院。在校期间他专攻纺织设计，研发出了可变色铬金属墨水。这种墨水可以根据七种环境气候指数的变化改变颜色，并吸收空气中的污染物。在每一种具体情况下，墨水的表现都不同。由于可变色铬金属墨水可以用在印刷、喷涂上，也可以用在纤维染色上，很快，许多领域各异的公司都找上门来寻求合作。但劳伦对她的墨水却有另外一幅愿景："我希望将来它能用在医疗产业上，例如制造一款 T 恤给哮喘病人，每当哮喘发作时，T 恤就会变色。这对我来说比拥有一个很棒的时装系列更接近成功。"

毕业后劳伦·鲍克带领着一个由裁剪师、解剖学家、工程师、化学家组成的团队，致力于研发可应用在穿戴上的高科技新型材料。劳伦的未见工作室（The Unseen）于 2014 年在伦敦时装周上发布了一组用新型面料制作的衣服，这组面料能随着来自外界环境的不同刺激，比如风吹、雨淋、摩擦、阳光照射甚至声音的刺激而发生色彩上的奇妙变化。材料应用了纳米合成材料和化学技术，带有墨水和燃料，当目标环境因素——例如风、紫外线、湿度和其他四个元素——发生变化，材料就会随之改变颜色。同一件衣服在不同的环境下，所呈现出的不同色彩，还能反映大气中污染程度的变化（图 3-92、图 3-93）。

图 3-92　未见工作室服装展示

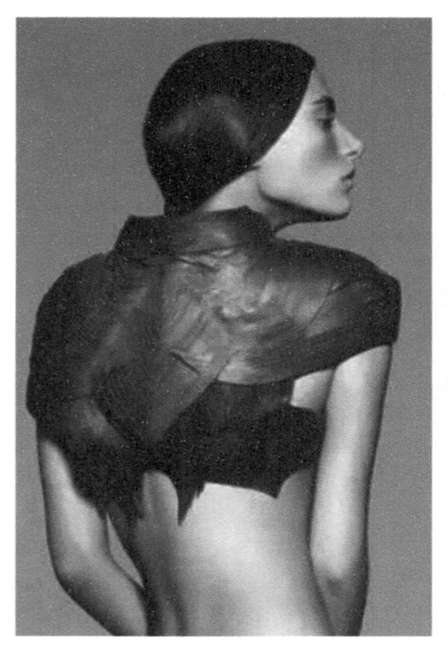

图 3-93　仿生服装展示

这些百花齐放的年轻实验者，将面料与各门类学科之间的诸多隔阂打通，创造了一种新型的多维空间。总之，绿色服装设计理念已经得到世人的认同，绿色环保是未来发展的必然趋势。服装是一个国家乃至民族物质文明和精神文明的体现，是时代精神、社会风尚和民众素质的表现。为了更好地实现可持续发展、创造更和谐的社会，我们应该加快环保服装的设计。而环保服装的设计又与环保面料密不可分，所以环保面料在新时期下的服装设计中应得到足够的重视。

第四章
服装面料再造的表现手法

服装面料再造设计的表现手法是实现服装面料艺术效果的重要保证。实现服装面料再造设计的手法有很多种，常见的有印染、刺绣、叠加、破坏、切割等面料再造设计表现手法。为了方便设计师对面料再造设计表现手法的理解，本章将这些手法大致分为服装面料再造设计造型的加法表达、服装面料再造设计造型的减法表达和服装面料再造设计造型的综合手法表达三大类进行讲解。

第一节　服装面料再造设计中的加法表达

服装面料再造设计中的加法表达是在面料的表面将相同或不同的多种材料进行重组、叠加、组合的过程，使面料在色彩、图案、肌理上形成更丰富的层次。而加法工艺面料再造设计的技法主要包括：印花、刺绣、绗缝、缀珠、盘结、毛毡等各类手缝法；增加珠片、缎带、蕾丝、绳等各种材质装饰法；印花、绣花、提花、植花等纹理装饰法；扎染、蜡染、手绘、数码印花等图案印染法。

一、印染

在各类手缝法中，使用印染的方法可以直接又便捷地进行服装面料艺术再造，其通常分为传统印染和现代印染。

1. 传统印染

传统印染工艺在中国具有丰富、悠久的历史，其发源于民间手工艺人，结合了中国广大古代劳动人民的智慧。传统印染工艺对人工具有较大的依赖性，是一种产量较低的劳动密集型生产模式。同时也受到印染工具、材料、工艺等多方面的制约，因而在大范围应用方面存在一定的局限性。在依靠人力的古代社会，传统印染工艺占据主导地位，直至在近现代印染技术的冲击之下其主导地位才发生了转变。随着近年来人们对传统艺术的追溯、对自然的渴望，传统印染工艺又重新走进人们的视野，得到了进一步的发展。古代主要流行的印花方法有画绘、凸版印花、扎染、草木染等。

画绘是殷周普遍应用的一种着色方法，采用画的方式，将调匀的颜料或染料液涂绘在织物上，形成图案花纹。据文献记载，当时贵族很喜欢穿画绘服装，并以不同画绘花纹来代表社会地位尊卑。如周代帝王服饰中有一种绘有日、月、星辰、山、龙、华（花）、虫、藻（水草）、火、粉米、黼（斧形花纹）、黻（对称几何花纹）12 个花纹图案的画衣。这 12 种花纹按等级，以日、月最为尊贵。从天子起直到各级官吏，按地位尊卑、官职高低分别采用（图 4-1）。

凸纹印花是在平整光洁的木板或其他类似材料上，挖刻出事先设计好的图案花纹，再在图案凸起部分上涂刷色彩，然后对正花纹，以押印的方式，施压于织物，即可在织物上印得版型的纹样。其实日常生活中，以图章加盖印记，就是一种最简单的凸纹印花。凸纹印花技术在西汉，已具有相当高水平。长沙马王堆出土的印花敷彩纱和金银色印花纱（图 4-2），就是用凸纹印花与绘画结合的方法制成的。

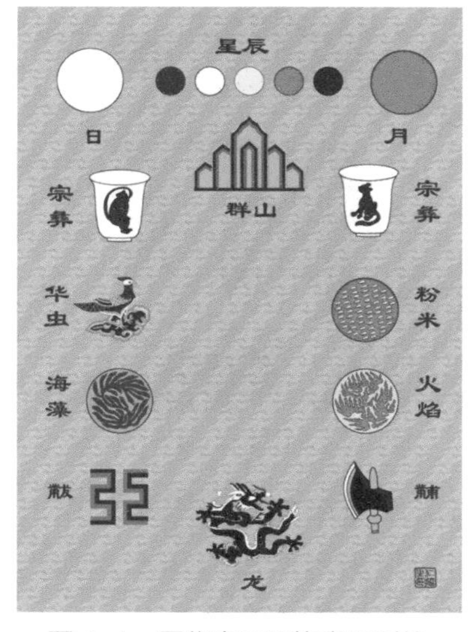

图 4-1　周代帝王服饰常用到的 12 个画绘花纹图案

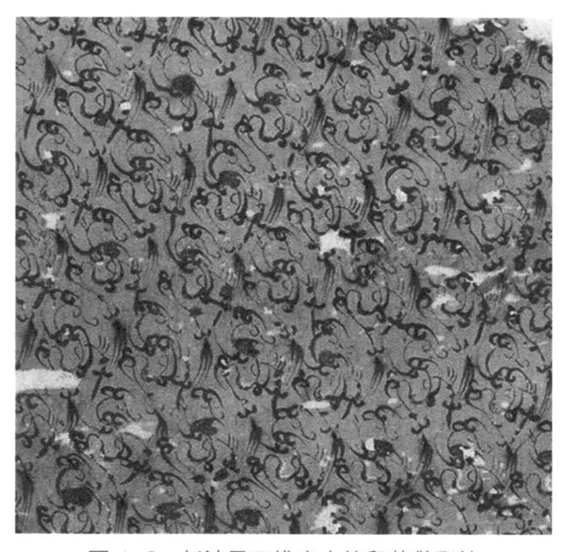

图 4-2　长沙马王堆出土的印花敷彩纱

凸版印花工艺简便，对棉、麻丝、毛等纤维均能适应，因此它一直是历代服饰和装帧等方面的主要印制方法。中国少数民族地区采用凸纹印花也很普遍，运用技巧也比较娴熟。如清代新疆维吾尔族人创制出的木戳印花和木滚印花就很有特色（图 4-3）。木戳面积不大，可用于局部或各种中小型的装饰花纹；木滚印花由于是用雕刻花纹的圆木进行滚印，所以适于大幅度的装饰花纹。

图 4-3　新疆木戳印花

扎染古称扎缬、绞缬、夹缬（图 4-4）和染缬，是汉族民间传统而独特的染色工艺，织物在染色时部分结扎起来使之不能着色，是中国传统的手工染色技术之一。

扎染工艺分为扎结和染色两部分。它通过纱、线、绳等工具，对织物进行扎、缝、缚、缀、夹等多种形式组合后进行染色。其工艺特点是用线在被印染的织物打绞成结后，再进行印染，然后把打绞成结的线拆除的一种印染技术。它有 100 多种变化技法，各有特色。如其中的“卷上绞”，晕色丰富，变化自然，趣味无穷。更使人惊奇的是扎结每种花，即使有成千上万朵，染出后却不会有相同的出现。这种独特的艺术效果是机械印染工艺难以达到的（图 4-5）。

图 4-4　夹缬工艺

图 4-5　扎染的几种扎结手法

单色染色法（图 4-6）和复色染色法（图 4-7）是扎染的两种方法。前者是将扎结过的面料投入染液中，一次染成面料的预想效果。后者是将扎结好的面料投入染液中，染色后取出，再根据设计的特别需求，多次扎结染色，以呈现多变、层次丰富的艺术效果。

图 4-6　单色染色

图 4-7　复色染色

扎染法制作流程和步骤如下（图 4-8）。

材料与工具：棉布、绳子、锅、水、蓝色染料等。

步骤一：将棉布块用绳子捆绑打结。

步骤二：将盛有水的锅加热并放入少许蓝色染料煮沸，然后把捆绑打结的棉布丢入锅内煮沸，可根据想要面料染色深浅的效果来控制煮的时间。

步骤三：剪开绳子，展开棉布块，就能看到最终扎染的面料效果。

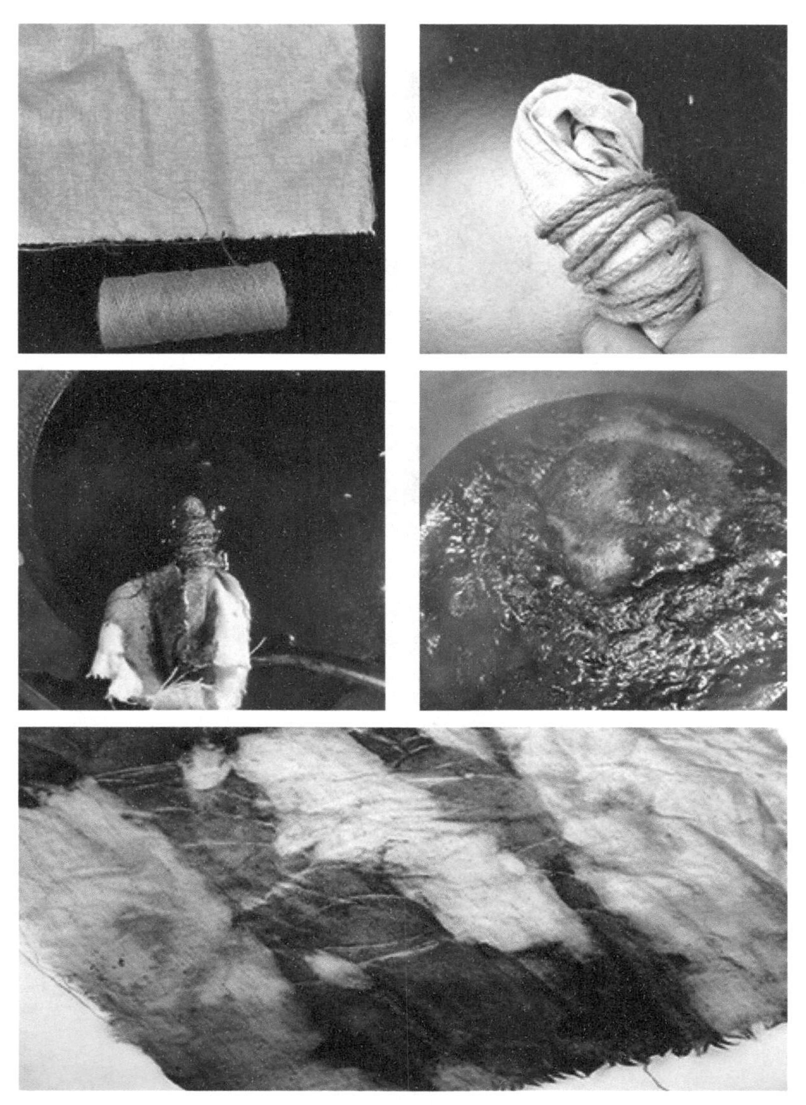

图 4-8 扎染步骤

除了扎染外，还有植物印染等。

草木染技法制作流程和步骤如下（图 4-9）。

材料与工具：棉布、绳子、锅、水、草木染所用植物等。

步骤一：将棉布铺平后把草木染所用植物均匀地放置在棉布上。

步骤二：把放置好草木植物的棉布卷成滚形，再用绳子缠绕起来。

步骤三：一旦完成并确保麻绳绑紧了之后，放进煮沸的锅内，然后开火煮大约 20～40min，煮的时候需要用中火，不能让水一直沸腾。

步骤四：取出煮好的布料，在冷水中清洗后拆开麻绳，展开成品后晾干，就能看到最终扎染的面料效果。

图 4-9　草木染步骤

2. 现代印染

现代印染是印染技术和电脑技术完美结合的产物，它可进行两万种颜色的高精密图案印制，大大缩短了从设计到生产的时间（图 4-10）。

图 4-10　现代印染效果展示

与传统印刷技术的花形图案相比，数字印刷技术下的数字图案具有更广阔的色域，无限的色量，并且任何可以印刷在纸上的图像都可以喷绘在面料上。由于传统的印花技术受工艺、资金等条件限制的影响，套色数量是限定的。而数码印花突破了传统印花的套色限制，印花颜色能够相对匹配，无需制版，尤为适合精度高的图案。同时，不断更新的油墨、色彩管理软件和数码印花机等现代技术，为更广阔的色域和高质量的印花质量提供了有力的保证，可以实现面料纹样的多样化视觉效果（图 4-11）。

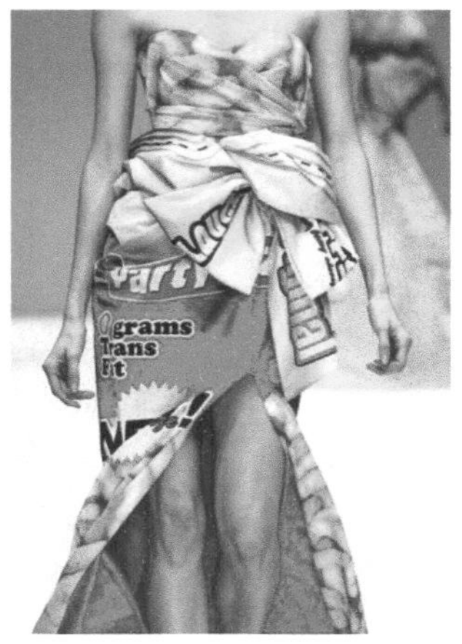

图 4-11　数码印花在服装面料上的运用

二、刺绣

刺绣又称为绣花，是针线在织物上游走穿梭形成的各种装饰图案的总称。即用针将丝线或其他纤维、纱线以一定图案和色彩在绣料上穿刺，以绣迹构成花纹的图案，它是用针和线把设计思想和制作手法反映在任何存在的织物上的一种艺术形式。刺绣是一种传统手工技艺，但随着现代纺织工业的发展，机器绣花（简称机绣）应运而生，它大大提高了生产效率，但同时也存在一定的缺陷。相比手工刺绣（简称手绣）的灵动，机绣显得略呆板。手推绣是半机器半手工的一种刺绣方式，既提高了刺绣的效率，也减少了机绣的死板（图 4-12）。

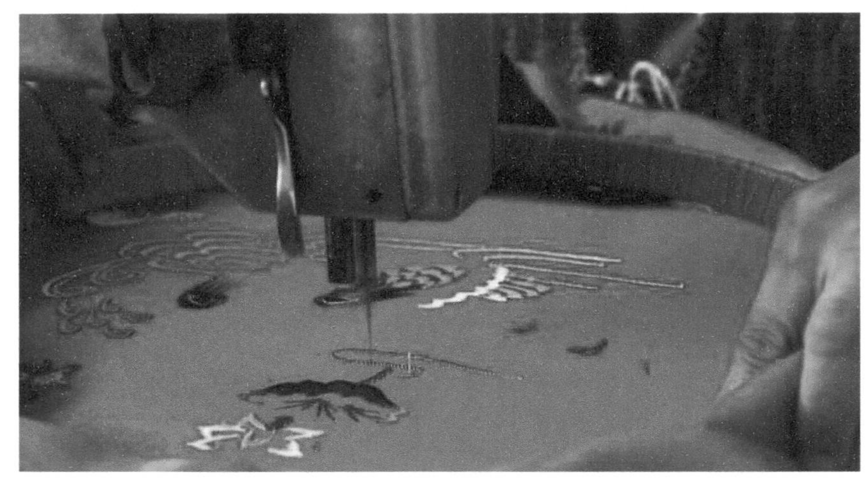

图 4-12　手推绣工艺

在现代服装设计作品中，以刺绣手法展现面料艺术再造的作品所占比例很大，特别是近几年来，珠片和刺绣被大量地运用在面料及不同种类的服装上，并时有突破常规思维的设计出现，使得这一古老的工艺形式呈现出了新风貌（图 4-13）。

图 4-13　珠片和刺绣在服装面料中的运用

1. 传统手绣

刺绣，是一种利用绣针引导彩线，在纺织品上绣制设计花样，以绣迹构成花纹图案的工艺。古代称为“黹（zhǐ）”“针黹”。由于刺绣大部分是由女性制作的，因此它属于“女红”的重要组成部分。刺绣是中国的传统手工艺品之一，有悠久的历史。据《尚书》记载，四千多年前的章服制度规定："衣画而裳绣"，至周代，有"绣缋共职"的记载。湖北和湖南出土的战国、两汉的绣品水平都很高。唐宋刺绣施针匀细，设色丰富，盛行用刺绣制作书画、饰件等。而到了明清时期，封建王朝的宫廷绣工规模很大，民间刺绣更是得到了进一步的发展，先后出现了苏绣、粤绣、湘绣、蜀绣，当时号称"四大名绣"。此外还有顾绣、京绣、瓯绣、鲁绣、闽绣、汴绣、汉绣、麻绣和苗绣等，都各具风格，沿传迄今，历久不衰（图 4-14）。

刺绣按照针法的不同可分为齐针绣、套针绣、扎针绣、长短针绣、打籽绣、平金绣、戳沙绣等几十种，丰富多彩，各有特色。而按照材料又可分为丝绣、羽毛绣（图 4-15）、发绣等。绣品的用途包括：生活服装，歌舞或戏曲服饰，台布、枕套、靠垫等生活日用品及屏风、壁挂等陈设品。明代刺绣中最著名的是顾绣。

图 4-14　刺绣在服装面料中的运用

图 4-15　羽毛绣绣品

图 4-16 展示了不同材质的绣线产生不同的视觉效果。

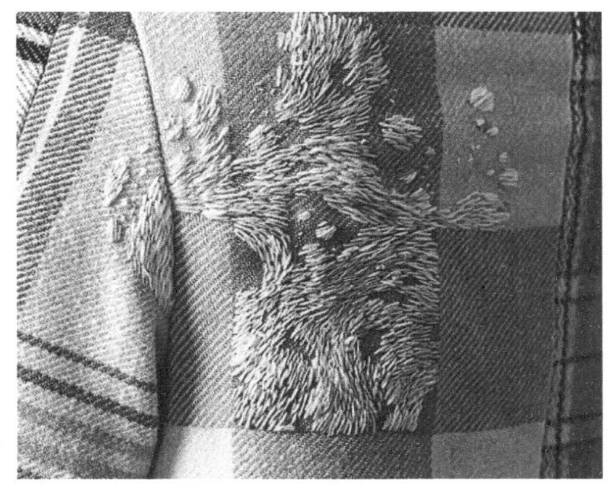

图 4-16　不同材质的绣线产生不同的视觉效果

2. 机绣

图 4-17　电脑绣花

机绣又称电脑绣花，是用缝纫机或者绣花机操作，以代替手工的一种刺绣品（图 4-17）。

改革开放后，机绣技术飞速发展。在北京、山东、江苏、湖南、广东、黑龙江和上海等地，机绣行业得到普遍发展。机绣行业发展领域大多为家居用品，如桌布、枕套、床罩、靠垫和被子等。20 世纪 60 年代，机绣技术成功地将中国传统人物画、山水画等作品植入；尝试制作机绣双面绣，艺术效果几乎与手工刺绣相同，这为机绣开辟了一条新途径。在技术方面，除了原始的打籽绣、包梗绣、挖绣、仿手绣、包针绣、长针绣、拉毛绣等外，还创造了大打籽绣、包线绣、破针绣、鱼针破绣等新针法。

手绣具有图案秀丽、构思巧妙、绣工细致、针法活泼、色彩清雅的独特风格，地方特色浓郁。绣技具有“平、齐、和、顺、匀”的特点。

机绣在时间和成本上占有巨大优势，同样，它与手绣也存在很大的区别，主要有以下三种。

（1）机绣与手绣手感的区别

机绣线是由化纤材料制成，丝线轻盈，比较光滑。机绣时，张力比较紧，正因为如此，不宜使用天然蚕丝线进行机绣生产。其次，由于制作工艺的原因，生产过程中线不能断，背面满是连线，所以绣片的质量很重。对于相同的花样，手绣和机绣之间的质量差会超过三倍。

手绣用线材料采用天然蚕丝制作，俗称“花线”，带有自然的光泽，再加上制作工艺的特殊，即便是满绣，绣好以后整幅绣片质量较轻、软，对着光看有细小的毛头（图 4-18）。

（2）机绣与手绣精细的区别

手绣用材采用天然的蚕丝，可以劈丝。一幅手绣绣品，为了表现所绣制图案的各种效果，画面绣制的过程中需要用到不同粗细的线，稍做观察，就可以辨别出来（图 4-19）。而机绣绣品画面用线由于不能断线的特别原因，所以整幅画面的线都同样粗细，造成效果看上去比较呆板。

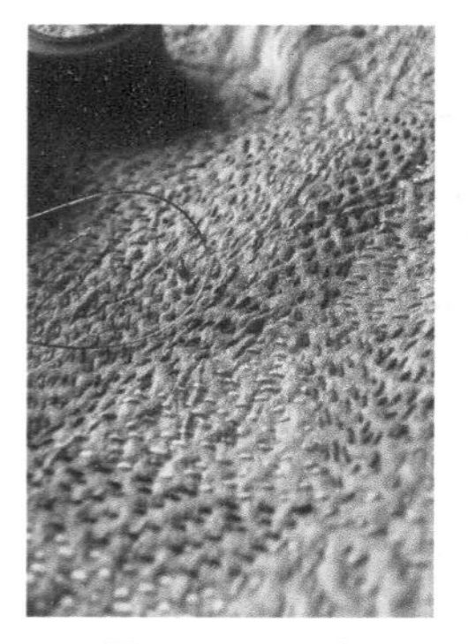
图 4-18　手绣

图 4-19　机绣

（3）机绣与手绣颜色的区别

由于机绣需要一根线绣制，在颜色的搭配上没有手绣的绣品均匀，有的地方颜色过渡没有手绣灵活和自然。

3. 手推绣

手推绣是一种延续了苏绣某些特点的刺绣方法，是将缝纫机进行改装，配合灵活的手部操作进行推绣，是一种半机器半手工的加工工艺。

纯手工刺绣是通过绘图、印刷、布线、刺绣、换线等方式手工完成的。手推绣是使用机器即可完成绣品的方法，在一定程度上提高了生产效率。但是，与全机绣相比，它仍然保留了个性化的手工定制样式。由熟练的手推绣大师加工的绣花产品甚至可以与完全的手绣产品混淆。非专业人员很难在不看背面针迹的情况下将它们与完全手绣的作品作出区分。

古装剧使人们注意到戏剧的服装文化，并重新认识了许多非物质文化遗产手工艺品：缂丝、盘金、京绣、苏绣、点翠等。考虑到服装生产成本，古装剧中的服装多采用手绣和手推绣相结合的制作方法。仅从服装的外观来看，工艺也很出色。手推绣不仅用于制作古装影视剧的戏服，而且经常与汉服、改良旗袍结合使用，以手推刺绣制成的服装，时尚且具有民族特色（图4-20）。

图4-20　古装电视剧中人物穿着手推绣重工服饰

除了刺绣外，还有贴布绣、珠绣、亮片绣等不同材质的绣花。

贴布绣工艺技法制作流程如图4-21所示。

所需工具：不织布、画粉、绣框、布料、剪切工具、线、针等。

步骤一：用画粉在不织布（可以是其他面料材质）上画出自己喜欢的图案；

步骤二：将画好的图案用剪刀裁剪下来；

步骤三：用针线将裁剪下来的图案布绣在绷紧绣框的面料上；

步骤四：完成面料小样。

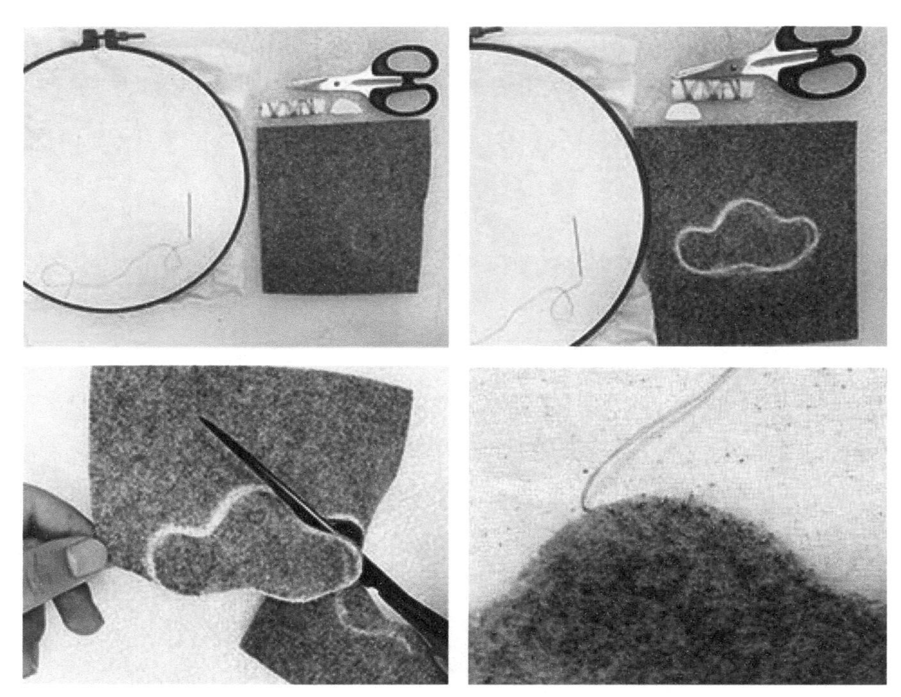

图 4-21　贴布绣步骤（作者：李佩炫）

各种棉、毛、丝、麻、化纤面料以及皮革都可运用刺绣方法得到面料艺术再造效果。但由于不同面料对刺绣手法的表现有很大影响，因此在进行设计前，必须根据设计意图和面料性能特点，选用不同的技法进行刺绣，这样才能取得最令人满意的服装面料艺术再造效果。

三、绗缝

在缝制夹层织物时，为了使外层织物和内层芯紧密固定，传统的方法是根据并排的直线或装饰图案效果，用手针或机器缝合几层材料。这种增加美感和实用性的过程称为绗缝。

绗缝已有 50 多年的历史。它始于 20 世纪 70 年代，并于 90 年代发展成熟。随着绗缝机械的发展，绗缝技术已经从纯手工缝制逐渐转变为计算机控制的绗缝。产品也已从单一的绗缝被（垫）延伸到各种家用布艺系列上。目前有绗缝床品、儿童被套、婴儿系列、沙发垫、汽车垫、地垫系列、台布、门窗帘、收纳系列、女式行李系列、厨房餐饮系列等上千种产品，甚至有厕所专用系列、圣诞节节庆系列等。

绗缝的操作步骤如图 4-22 所示。

步骤一：准备材料；

步骤二：画好要缝制出的纹样；

步骤三：沿着纹样开始绗缝；

步骤四：完成绗缝。

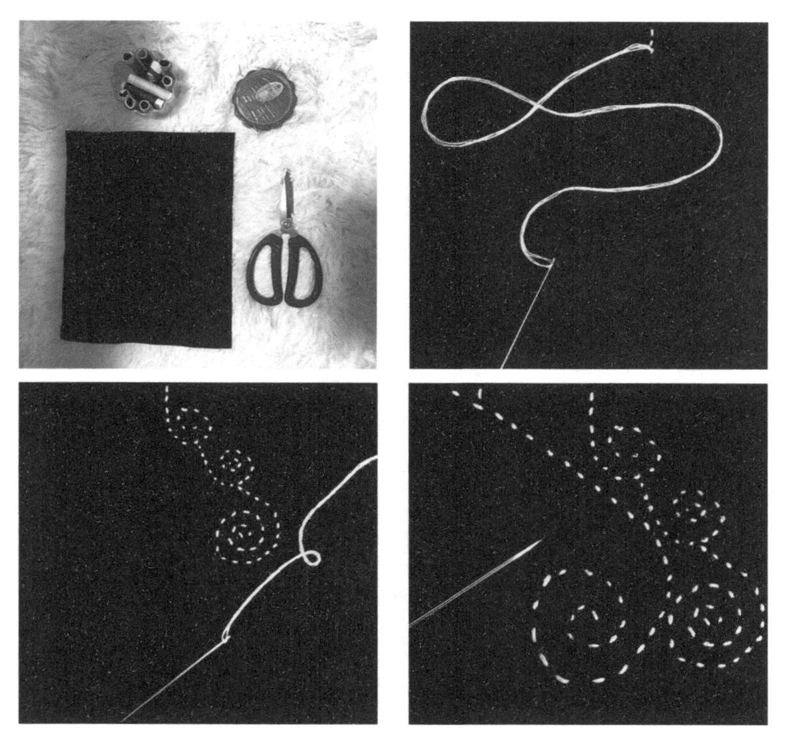

图 4-22　绗缝步骤（作者：李佩炫）

四、编织

编织技术是中国传统民间艺术中最具代表性的形式之一。从古代的结绳记事到现代的编织艺术作品，编织技术具有自成一格的独特魅力。 随着时代的发展，编织艺术以其独特的质地、丰富的色彩变化和独特的材料创新被广泛应用于产品、服装设计等领域。设计师汲取了编织艺术的精髓，并结合时尚信息和潮流，创造出具有时代感的编织作品（图 4-23）。

图 4-23　编织工艺

1. 编织工艺的艺术特点

编织技术的艺术美在于编织材料的丰富而多变的生命力，编织方法和编织者的情感交织在一起，以表达编织者所赋予艺术品的情感。中国传统的编织材料大多是用动植物的天然纤维制成的，而现代编织技术可以使用的材料范围越来越广，如尼龙绳、曼波线、金葱线、合成纤维材料等。丰富的材料加之丰富的编织技法如结、穿、绕、缠、编、抽等，可创造出丰富多变、独特创新的编织艺术作品。设计师可随着自己对编织工艺掌握程度的提高以及对编织材料了解深刻程度的增长来进一步挖掘对绳、线进行灵活多变艺术加工的方法，完成具有自我独特艺术风格的艺术作品（图4–24）。

图 4–24　用编织工艺制作的服装

通常编织材料的韧性较好，因此大多数编织工作都非常顺滑。不同的材料组合和色彩搭配制成的编织线形成交叉的牢固结构，是具有强烈视觉表现力和丰富纹理的艺术品。通过设计师的思维对其进行加工变化，使得面料和服装设计作品具有很强的表现力和艺术感染力。

2. 编织工艺技法制作流程

编织所需工具有：纸质材料、皮革、剪切工具（剪刀、激光切割设备）、线、针。

编织的操作步骤如下所示。

步骤一：用纸质材料做编织作品的初稿小样，把纸质材料切割成 1cm 宽的纸条，切割后按照编织的工艺进行结构的尝试和定型（图 4–25）。

步骤二：用材料进行各种编织工艺技法的尝试，确定编织小样的结构和编织手法。在操作尝试过程中确定以平纹组织方式进行编织。平纹组织是一种以 1 ： 1 比例交替出现的基础组织，按照经纬走向，纸条一上一下相间交织而成的结构（图 4–26）。

图 4-25　编织工艺技法步骤一（作者：童可欣）

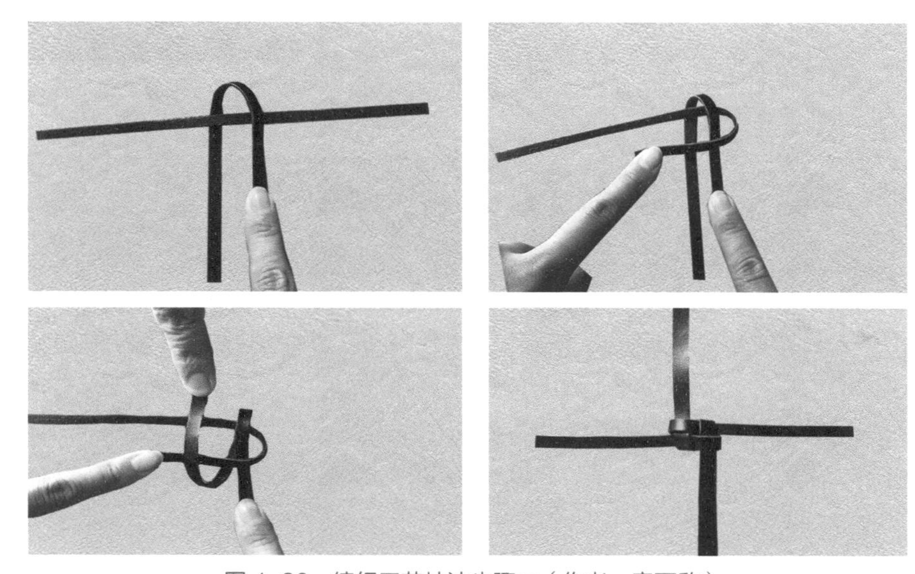

图 4-26　编织工艺技法步骤二（作者：童可欣）

步骤三：完成编织面料小样制作，并运用在服装设计制作中（图 4-27）。

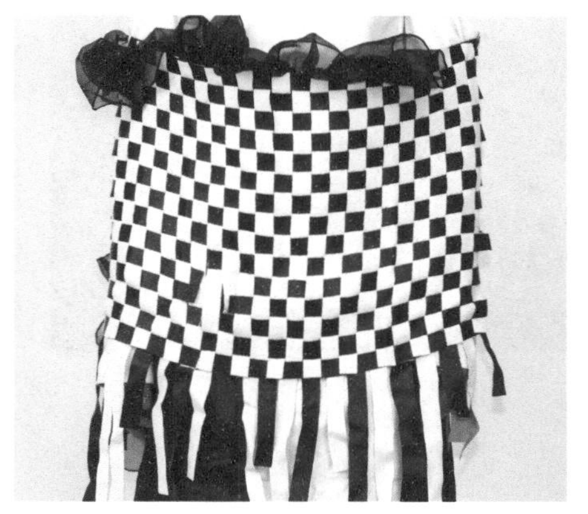

图 4-27　编织工艺技法步骤三（作者：童可欣）

五、羊毛毡

羊毛本身具有一些自然特性，当暴露于热水时会收缩，并在外部压力下会形成非常厚实的毛毡。羊毛毡技术就是要利用这一特性，通过滚压或密集的针刺使羊毛呈现出不同的造型效果。带有彩色刺绣的传统毛毡大多发展自游牧民族，这是他们独特的毛毡刺绣技术（图 4–28）。

图 4–28　用羊毛毡工艺制作的服装

羊毛毡工艺需要的材料与工具有各色羊毛、针、布料等。

羊毛毡技法制作步骤如下所示。

步骤一：撕扯羊毛纤维，平铺在布料上，可横竖交叉多层平铺，以达到设计需要的厚度（图 4–29）。

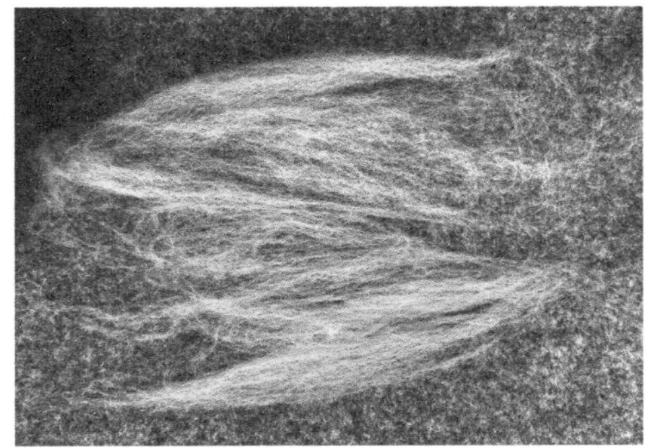

图 4–29　羊毛毡技法步骤一（作者：李佩炫）

步骤二：用针按照设计的肌理效果将第一层羊毛纤维戳在布料上（图 4–30）。

图 4–30　羊毛毡技法步骤二（作者：李佩炫）

步骤三：第一层均匀地分布在布料上之后根据设计需要添加羊毛纤维（图 4–31）。

步骤四：完成羊毛毡面料创作小样（图 4–32）。

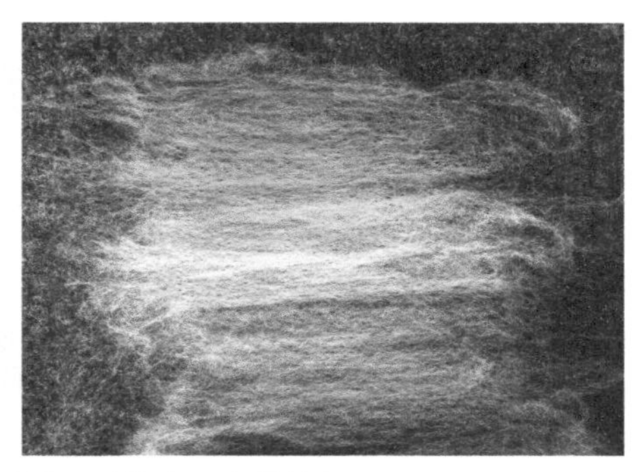

图 4-31　羊毛毡技法步骤三（作者：李佩炫）

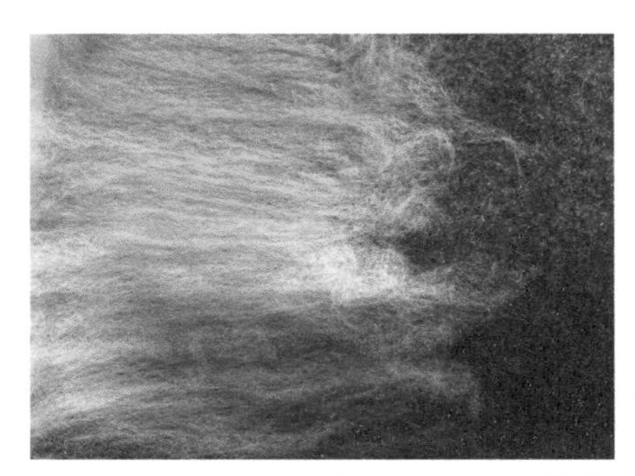
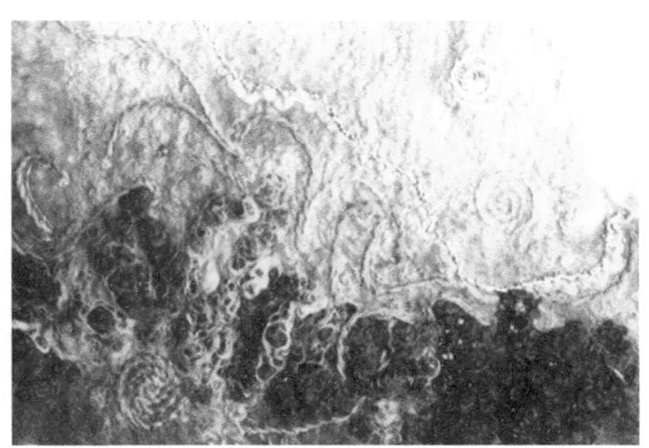

图 4-32　羊毛毡技法步骤四（作者：李佩炫）

六、涂层

涂层面料是一种经特殊工艺处理的面料。它能使面料表面形成一层均匀的覆盖胶料，从而达到防水、防风等功能。它将不同的材料涂在各种面料、材料上，使面料表面达到与众不同的视觉效果（图 4-33）。

热压涂层技术是指将一些有光泽的涂层纺织材料热压到有光泽的织物（如丝绸和麻）上，在织物表面形成一层金属光泽，从而在一定程度上改变织物的外观和风格（图 4-34）。在选择涂

图 4-33　运用涂层面料制作的服装

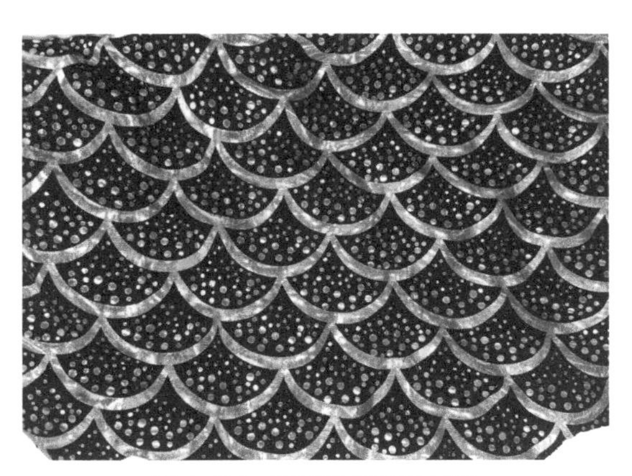

图 4-34　热压涂层纺织材料

料时，最常见的是金和铝箔。设计师可以使用这种热转印方法使表面没有光泽的针织物，如针织面料、牛仔布、麻等材料具有新的光泽。

七、折叠

折叠艺术是最具代表性的技法之一，即在二维平面的基础上运用翻、折、转、叠等手法创造出三维立体形态。折叠艺术运用于纺织品服装设计中，其最大的特点在于体积感和雕塑感的呈现。

折叠概念在服装和面料创作中的应用是受到了理性，冷淡和简单极简主义、东方风格的影响，并在此基础上整合西方剪裁而产生的，这种概念可以使服装造型和结构非常有再造性。面料是按顺序折叠还是堆叠，无论是细长的手风琴通过沿相同方向折叠，还是内部和外部交错，都可以使平整而简单的面料呈现立体感和节奏感，给人以惊人、完整、沉重的视觉效果（图 4-35）。

折叠技法所用工具有：铅笔、卡其面料、大头针、缝纫设备、熨斗、棉线。

制作工艺步骤如下。

图 4-35　折叠工艺作品

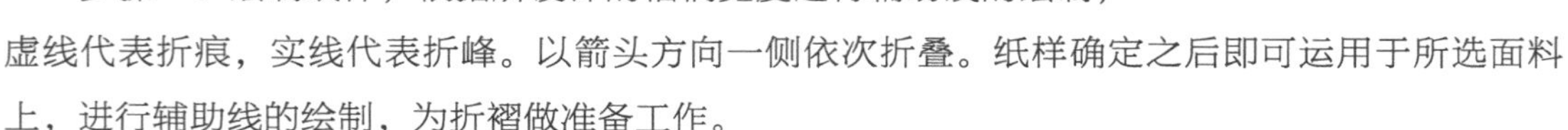

步骤一：绘制纸样，根据所设计的褶裥宽度进行辅助线的绘制，虚线代表折痕，实线代表折峰。以箭头方向一侧依次折叠。纸样确定之后即可运用于所选面料上，进行辅助线的绘制，为折褶做准备工作。

步骤二：按照绘制好的辅助线依次把虚线和实线进行褶裥对折，并用大头针固定。折褶完成后用熨斗进行高温熨烫，给褶裥定型。

步骤三：当褶裥基本定型之后，可用缝纫设备进行缝线固定。

八、拼接

服装面料的多元组合是指将两种或两种以上面料组合后进行的艺术效果重构。这种方法可以最大限度地利用织物，并且可以显示出设计师的创造力，因为具有不同质地，颜色和光泽的织物的组合将产生皮革、毛皮、缎子和纱线等单一织物无法达到的效果。这种方法不受固定规则的约束，并具有一定的不确定性和随机性，但即使如此，它也遵循服装三要素的基本原则，并协调颜色和不同种类的织物。有时，为了达到和谐的目的，可以将不同织物的颜色调整得尽可能接近或相似，从而在变化中达到统一的艺术效果（图 4-36）。

实际上许多服装设计师为了更好地诠释自己的设计理念，已经采用了两种或更多的能带来不同艺术感受的面料进行组合设计。服装面料多元组合设计方法的前身是古代的拼凑技术，例如兴于中国明朝的水田衣就属于这种设计。现代设计中较为流行的解构方法是其典型代表，解构是通过利用同一面料的正反倒顺所含有的不同肌理和光泽进行拼接，或将不同色彩、不同质感、大小不同的面料进行巧妙拼接（图4-37），使面料之间形成拼、缝、叠、透、罩等多种关系，从而展现出新的艺术效果，它强调多种色彩、图案和质感的面料之间的拼接、拼缝效果，给人以视觉上的混合、多变和离奇之感。

图4-36　使用类似面料拼接的服装

图4-37　不同质感面料的拼接

在设计面料的拼接组合时，设计师可以运用对比思维和逆向思维，以追求不完美的美为主导思想，使不同面料在对比中得到夸张和强化，使不同面料的个性语言得到充分展现。不同的面料在厚度、密度、凸度上相互交织、混合、搭配，达到面料再造的艺术效果，从而增强服装的亲和力和层次感。拼接的方法众多，有的以人体结构或服装结构为参考，进行各种形式的分割处理，强调结构的独特形式美；有的将毛、绒面料正反向交错排列后进行拼接；有的将面料图案裁剪开再进行拼接；有些是单独的图像或不同颜色的面料，按照一定的设计理念进行拼接。除了随意拼接外，有的还按照方向拼接，形成明显的秩序感。这些方法改变了面料原有的外观，展现服装面料艺术重构所带来的新奇与美感（图4-38）。

图4-38　改变原有面料外观的拼接

九、叠加

在多元组合设计中，除了拼接方法外，面料与面料之间的叠加方法也能实现服装面料的艺术再造。著名服装设计师瓦伦蒂诺·加拉瓦尼（Valentino Garavani）首先开创了将性质完全不同的面料组合在一起的先河。他曾将有光面料和无光面料拼接在同一造型上，其艺术效果在服装界引起了轰动，而后性质不同面料的组合方法风靡全球，产生了不少优秀作品（图4-39）。

图 4-39　某品牌服装中运用的面料叠加手法

堆叠和组合结构时，需要考虑结构是主从关系还是平行关系。这会影响服装的最终整体感觉。在清爽与柔软面料的搭配上，应该考虑是将柔软的面料叠加在清爽的面料上，还是将清爽的面料叠加在柔软的面料上，或是将两者平行地结合在一起，不同选择所产生的重建艺术效果是大相径庭的。在处理透明和不透明织物、闪亮和哑光织物的叠加组合时，也需要考虑这些因素。各种不同面料的搭配应强调主次，主打面料的目的在于体现设计主题。

以上提到的部分方法在面料一次设计时也会涉及，这与再造时再次采用并不矛盾，因为再造的主要目的就是要实现更为丰富和精彩的艺术效果。服装面料再造设计的方法不限于此。在实际设计中，根据服装的设计意图，往往综合运用多种方法，以产生较好的服装面料艺术再现效果（图 4-40）。

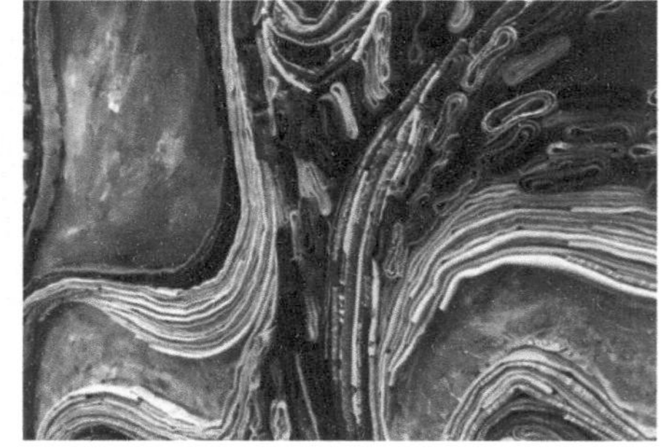

图 4-40　服装面料重构

第二节　服装面料再造设计中的减法表达

减法工艺的面料再造设计是指从织物表面减去纱线或去除部分体积的技术，包括利用剪花、镂空、激光切割等方法对面料进行局部或整体的破坏性设计：面料的经、纬纱在牵引纱线后，形成一个镂空图案；面料表面的纹理发生变化，用化学方法腐蚀，使其表面产生起球、收缩、熔化、变色的效果；切割皮革、羊毛、布、板、塑料等，达到整齐有序的效果等。

一、抽缩

抽缩工艺是一种传统的手工装饰手法，在一些介绍装饰工艺技法的书上又称为面料浮雕造型。其做法是按一定的规律把平整的面料整体或局部进行手针钉缝，再把线抽缩起来，整理后面料表面形成一种有规律的立体褶皱（图4-41）。

图4-41　运用抽缩工艺的服装

二、镂刻、打孔

镂刻、打孔即利用一定的工具，在某种材料表面，通过镂刻与打孔的方式产生再造面料的效果（图4-42）。

图4-42　运用镂刻、打孔工艺的服装

沿横、纵、斜向、圆形等不同角度和形状剪开、撕拉或打孔；破坏后观察面料的边缘，再根据面料边缘结构的稳定性或脱散性来进行设计构思。

用打孔机在面料上用力按压，根据设计构思可以压出各点位的排布，结合其他材料可以创造出不同的再造效果。

用戳的方法使皮革表面出现许多凹凸不平的小疙瘩，不断改变皮革表面的形态，用不同的刀具来割裂，可以使皮革的表面更加粗糙，形成不同的肌理效果（图4-43）。

图4-43　皮革面料的镂刻工艺

三、烧烫

烧烫利用不同材质的化纤面料燃烧后的熔缩效果来构思。烧烫破坏面料的效果实现具有随意性和偶发性，制作前大多不能预测效果。同时还可以尝试不同的高温破坏方法，如线香、蜡烛、熨斗等破坏手法可以使材料表面形成不同的破口（图 4-44）。

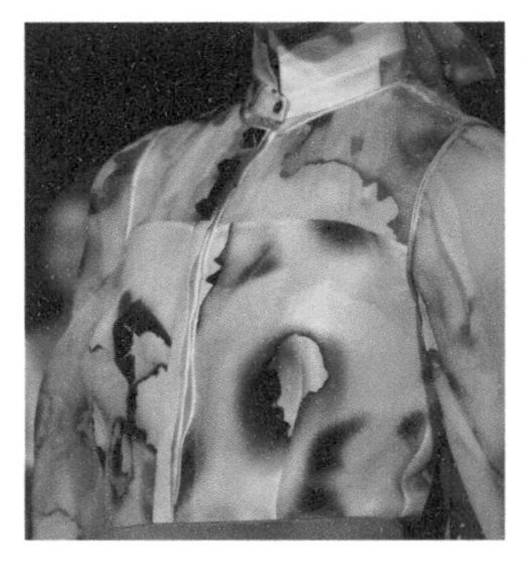
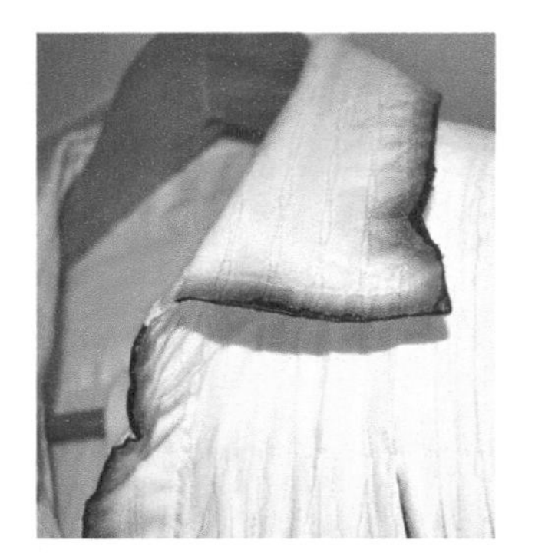

图 4-44　面料的烧烫工艺

烧烫的制作流程和工艺步骤如下。

材料与工具：打火机或者喷火枪、所用面料。

步骤一：接近火焰，纤维会收缩、熔融，变软，干后变成黑色小颗粒，未干时为深棕色；在火焰中熔融燃烧，出现孔洞状，孔洞边缘（收缩的边缘）结成黑色硬块（图 4-45）。

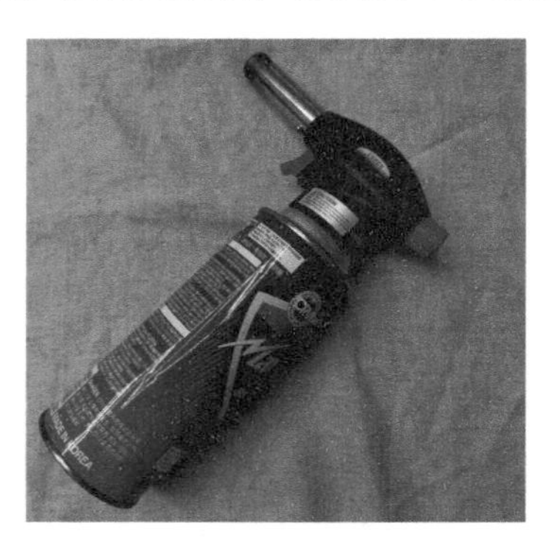
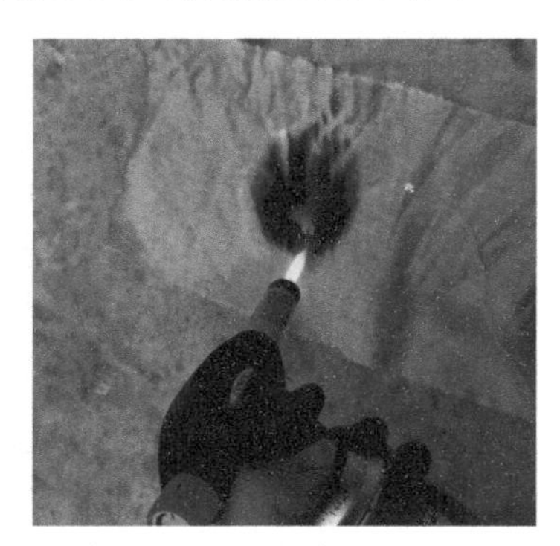

图 4-45　烧烫工艺步骤一（作者：章益裕）

步骤二：将黑色硬块的面料去掉，实验结果出现间隔的孔洞状的面料肌理，表面呈凹凸起伏状。也可利用不同的面料与烧、烫方法，产生奇特、新颖的再造效果（图 4-46）。

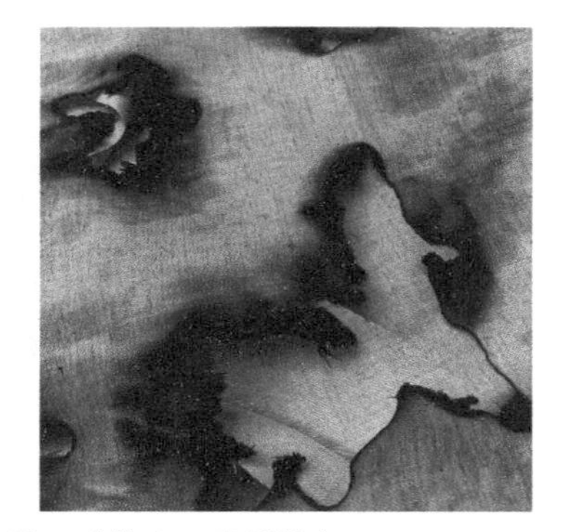

图 4-46　烧烫工艺步骤二（作者：章益裕）

第三节　服装面料再造设计中的综合手法表达

在进行服装面料再造设计时往往采用两种或者两种以上的加工手法，如剪切和叠加、绣花和拼接、印花和刺绣等同时运用的情况，灵活地运用综合设计的表现方法会使面料的表情更丰富，创造出别有洞天的肌理和视觉效果，如图 4-47 ~ 图 4-52 所示。

图 4-47　多种面料再造设计的综合运用

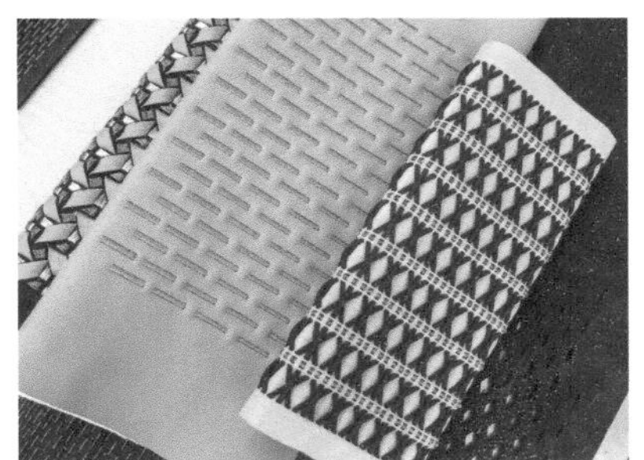

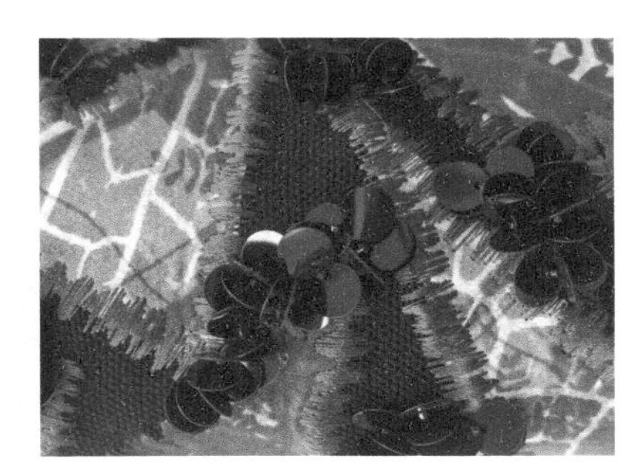

图 4-48　用剪切和叠加的综合手法制作的面料　图 4-49　用绣花与拼接的综合手法制作的面料

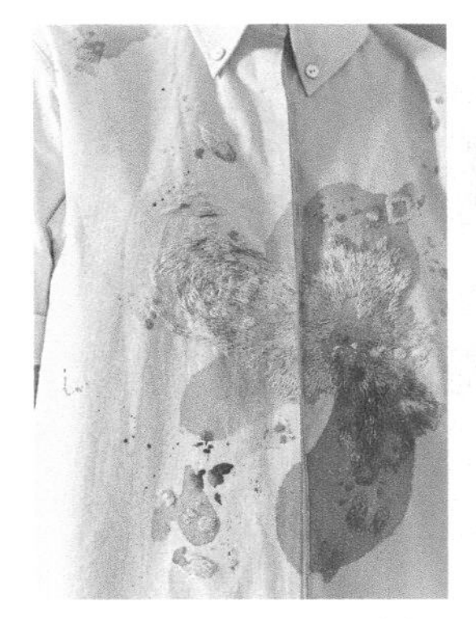

图 4-50　运用印花与刺绣相结合的综合手法的服装

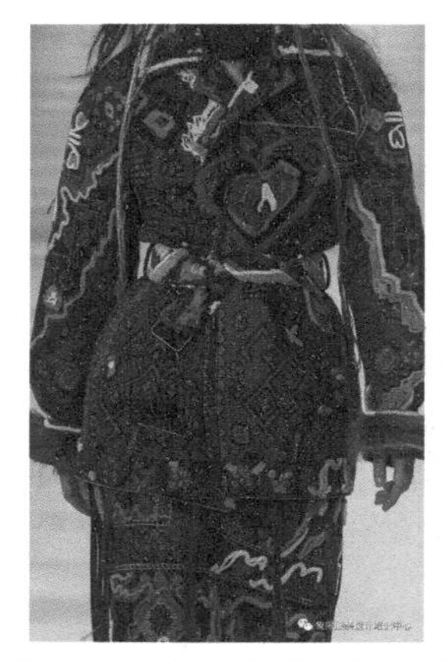

图 4-51 运用提花面料再造加刺绣的综合手法的服装

图 4-52 运用钉珠工艺与亮片绣的综合手法的面料

综合技法的工艺流程与制作步骤如下。

材料与工具：羊毛纤维、大头针、面料、布条、针线。

步骤一：撕扯羊毛纤维，平铺在布料上，可横竖交叉多层平铺，以达到设计需要的厚度。

步骤二：用针按照设计的肌理效果将第一层羊毛纤维的戳在布料上（图 4-53）。

步骤三：将准备的布条进行编织，然后缝制到需要装饰的位置。

步骤四：缝制到羊毛纤维上增加面料肌理感，完整面料再造的综合手法表达（图 4-54）。

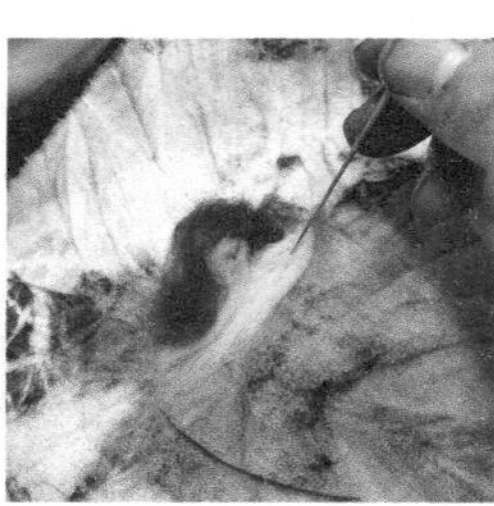
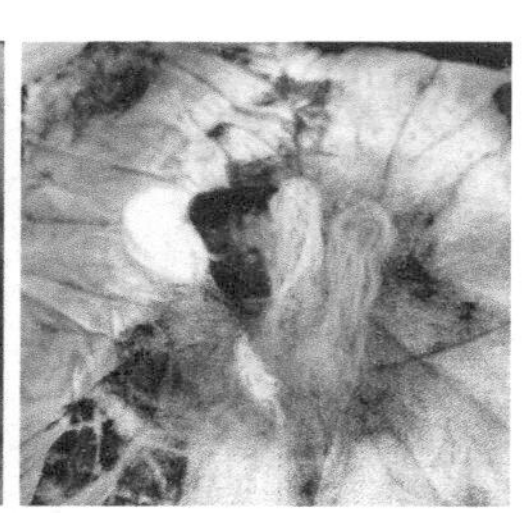

图 4-53 综合技法与制作步骤一、二（作者：章益裕）

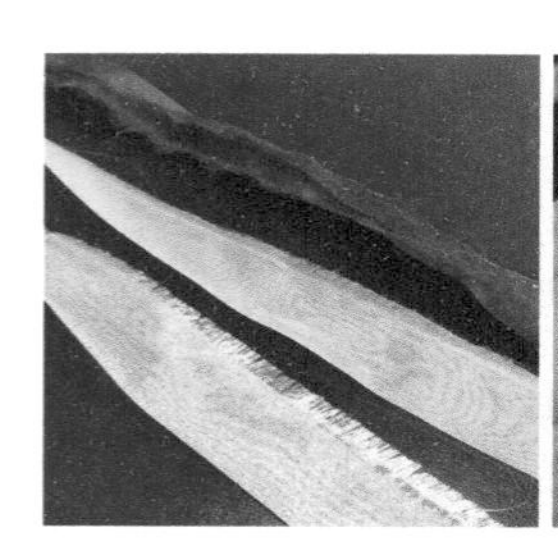
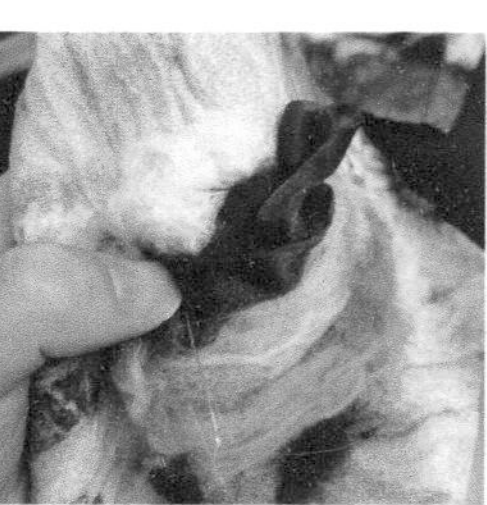

图 4-54 综合技法与制作步骤三、四（作者：章益裕）

第五章
服装面料再造设计实例分析

服装面料的种类是有限的，但是艺术再造的手法却是多种多样的，设计师将他们有机组合可以丰富服装造型的款式。面料艺术再造不仅符合服装时尚发展的要求，同时它也是设计观念转变的体现。对于设计师而言，面料再造让设计师有了更广阔的创造选择空间，更能体现自己的设计风格；对服装品牌来说，对已有面料进行再造，既降低成本又增加了服装的附加值。本章讲述面料再造在服装设计中的运用后，通过设计师或者服装品牌等实际案例进行分析。

第一节　服装面料再造在服装设计中的作用

随着人们生活水平的不断提高，对服装设计的要求也越来越高，面料再造在服装设计中的作用不断增大，它可以有效实现服装的创新与多样化发展，因此，面料再造在现代服装设计中发挥着不可替代的作用。面料再造是服务于服装设计的，有着一定的装饰性。面料再造可以应用于服装设计的局部，以突出服装局部与整体服装的协调性。服装局部主要指的是衣领、口袋、衣肩、衣袖、胸部、腰部、臀部、下摆等部位。利用在服装局部应用面料再造的技法，可以使服装的风格与特点更好地展现出来，成为服装设计的主要元素，形成整体美。面料再造可以应用于服装设计的整体，应用整体再造后的面料，可以突出表现人物的个性特点，带给人强烈的视觉冲击。整体再造后的面料在肌理、质感、颜色等方面出现了一定的变化，中间蕴含了服装设计师关于服装整体与面料的把握能力。

一、在服装设计的局部运用

在服装的局部进行面料艺术再造可以起到画龙点睛的作用，也能更加鲜明地体现出整个服装的个性特点，其局部的服装面料再造设计位置包括边缘部位和中心部位。值得注意的是，同一种服装面料艺术再造运用在服装的不同部位会有不同的效果（图 5-1）。

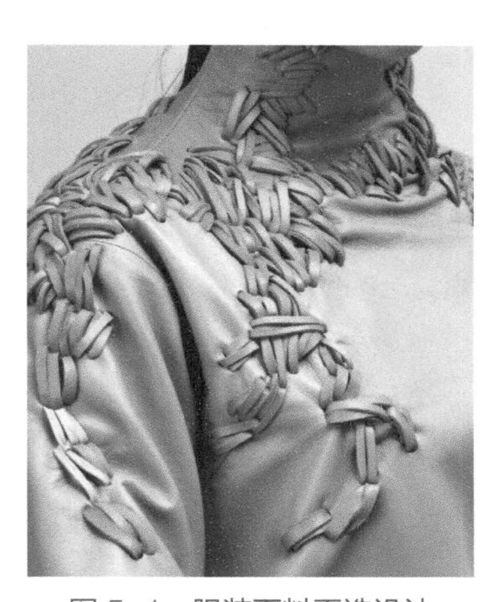

图 5-1　服装面料再造设计在局部的作用

1. 边缘部位

边缘部位指服装的襟边（图 5-2）、领部、口袋（图 5-3）、袖口（图 5-4）、裤脚口、裤侧缝、肩线、下摆（图 5-5）等。在这些部位进服装面料再造视界可以起到增强服装轮廓感的作用，通常以不同的线状构成或以二方连续的形式表现，例如反复出现的褶线、连续的点或四方连续纹样等。

图 5-2　襟边部位的面料再造设计

图 5-3　口袋部位的面料再造设计

图 5-4　袖口部位的面料再造设计

图 5-5　下摆部位的面料再造设计

2. 中心部位

中心部位主要指服装边缘之内的部位，如胸部、腰部、腹部（图 5-6）、背部（图 5-7）、腿部等。这些部位的服装面料艺术再造比较容易强调服装和穿着者的个性特点。在服装的胸部上方应用立体感强的服装面料艺术再造，会具有非常强烈的直观性，很容易形成鲜明的个性特点。一件服装通常是领部和前襟（图 5-8）最能引人注目，因此要想突出某种服装面料的艺术再造效果，不妨将之运用在这两个部位，如 20 世纪 40 年代，男装正式礼服中的衬衫经常在胸前部位采用褶裥，精美而细致，个性鲜明。服装的背部装饰比较适合采用平面效果的服装面料再造设计。服装面料再造设计单纯地运用于腹部不容易表现，特别是经过立体方法处理的面料更不易表现好，但可以考虑将之与腰部、胸部连在一起，或与领部、肩部做呼应处理。将服装面料艺术再造运用于腰部最具有“界定”功能，其位置高低决定了穿着者上下身在视觉上给人的长短比例（图 5-9）。

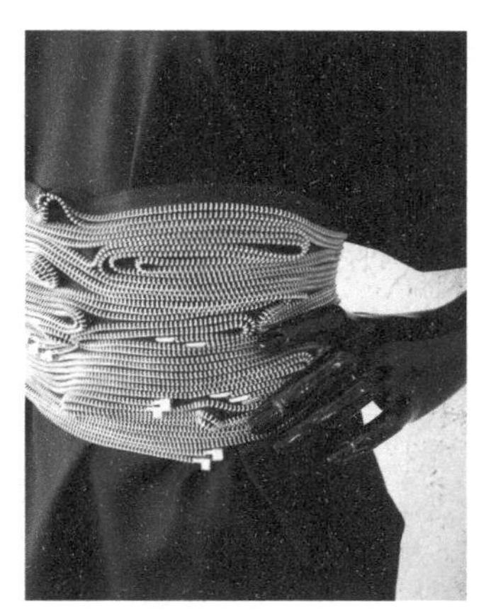

图 5-6　腰部的面料再造设计

图 5-7　背部的面料再造设计

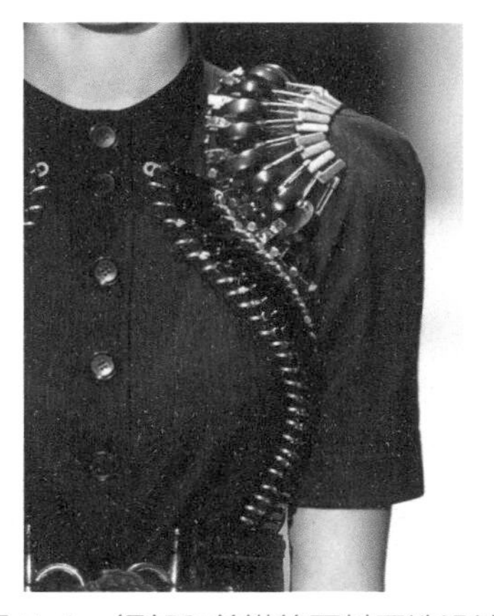

图 5-8　领部和前襟的面料再造设计

图 5-9　腰部的面料再造设计

二、在服装设计中的整体运用

服装面料艺术再造的整体运用可以表现一种统一的艺术效果，突破局部与点的局限。将服装整体设计为面料再造的表现载体，其艺术效果更为强烈。堆砌手法的运用如图 5-10、图 5-11，极具视觉冲击力和层次感；面料经激光切割处理后，制成优雅又不失现代化风格的礼服，别具一格，如图 5-12 所示。图 5-13 展示的为编织工艺的运用。

图 5-10　运用堆砌手法的服装 1

图 5-11　运用堆砌手法的服装 2

图 5-12　运用激光切割手法制作的服装　图 5-13　运用编织手法制作的服装

第二节　国内外服装设计师对服装面料再造的应用实例

在一定程度上讲，现代时装的设计主要是面料的设计。我们可以从国际时装设计大师的作品中证实这一点。他们通过面料与造型工艺的完美结合，体现设计的主题和灵感，或表达自己对哲学与艺术的态度和立场。从古至今，运用面料再造装饰服装的例子不胜枚举，它是前人所熟悉的一种设计手法。但面料再造成为时尚设计潮流至今只有 20 年左右。本节重点介绍几位推动这一设计潮流的国际知名设计大师及其作品，并通过他们的作品了解再造面料设计技术在服装造型中的应用与发展。

一、“褶皱大师”三宅一生

三宅一生是日本著名时装设计师。他的设计理念与西方成衣的传统美学完全相反。他的服装中独特的面料质感和随人体动态变化的服装形态中渗透着东方审美哲学，他改变了高级时装和成衣一贯给人平和干净的刻板印象，用各种绉布面料打造出“褶皱”的服装，展现出独特的“三宅一生”风格，从而闯入欧洲时尚巴黎的心脏地带。

三宅一生不仅是服装设计大师，更是“面料魔术师”。他的设计从未离开对面料的再造设计，从羽毛到香蕉叶纤维，从传统的宣纸、白棉、麻布到最新的人造纤维材料，他尝试用各种不同的材质来创造各种肌理效果。他全新的设计风格给未来服装设计带来了新的标准和方向。他将现代技术、传统面料以及哲学思想杂糅成了独树一帜的个人服装设计风格。在他的作品中，不乏褶皱元素，当他设计的褶皱服装被平放宛若一件雕塑品，可以呈现出明显的立体几何图案，而当这件衣服被穿在身上时，又完全符合身体曲线以及运动的韵律。他在设计中，将面料的服帖、顺滑等特质放大，并应用二次处理工艺，让经过再造设计的服装面料拥有更为突出的创新特色。三宅一生创造出了“一生褶”，他在设计环节，将普通或针织面料以及宣纸等材料有机结合在一起，借助于传统的服装加工工艺和现代科技手段，实现再造设计，将服装面料的肌理效果凸显出来，使其具有强烈的个人风格特征和视觉冲击力。

三宅一生从世界的各个角落去寻找服装再造的素材，并借助服装科技的发展，将面料压褶定型，宽大完整的面料以立体形式组成，包缠人体。衣服的外观会随压缩、弯曲、延伸等动作展现出千姿百态的形态，由此形成了一种全新的衣着形式，这种立体派的裥褶充分体现了科技发展对服装材质再造表达的促进作用。

图 5-14 为三宅一生对面料的再造设计在服装上的运用。

图 5-14　三宅一生运用面料再造手法设计制作的服装

二、英国“时尚教父”亚历山大·麦昆

亚历山大·麦昆是英国时尚圈著名的“坏小子”，他喜欢创新，他对恐怖美学的追求和表达在设计界颇有争议。善于打乱和重组服装的结构，颠倒面料或形式之间的关系，从而达到人与服装在视觉效果上的整体结合，产生极强的戏剧效果。

图 5-15 中的原物现在保存在纽约大都会艺术博物馆，它的设计理念来自开膛手杰克。麦昆在袖口、领口和礼服尾部都加入了一层红色的内衬，另外参照维多利亚时期妓女们卖头发赚钱的风潮，衣服内隐藏了许多自己的头发。这件礼服是麦昆的经典之作。

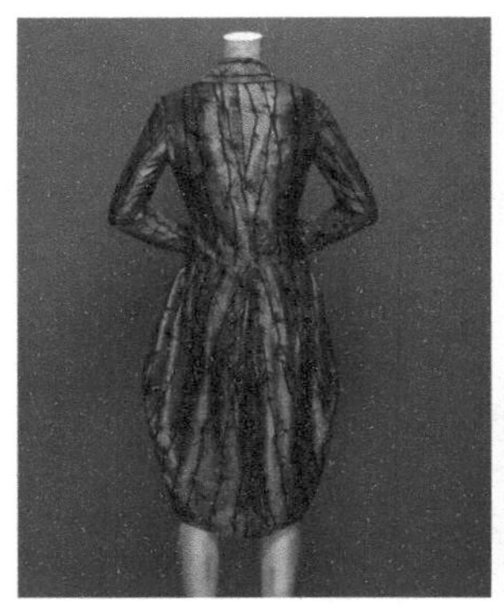
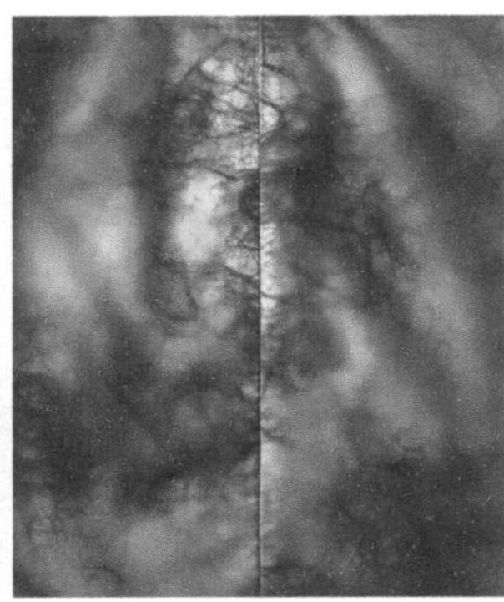
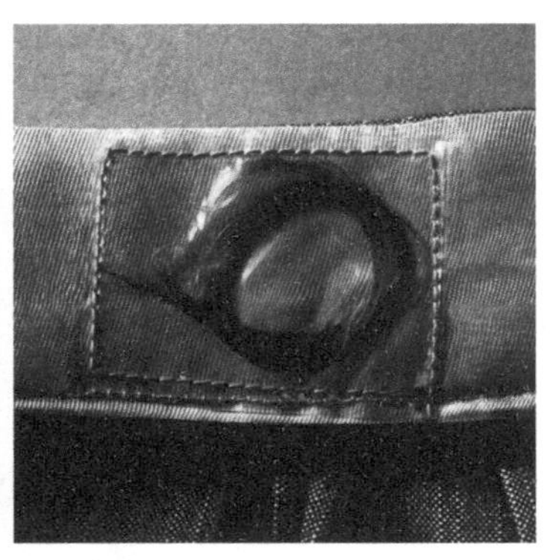

图 5-15　亚历山大 · 麦昆"开膛手杰克"系列

亚历山大 · 麦昆 1998 秋冬系列以"圣女贞德"为主题，在服装中穿插了链甲、铠甲、雌雄同体等线索。在发布会的最后，Annabelle Neilson 蒙上了头罩，扮演全身血红的贞德压轴出场，就在一瞬间，她身边猛的燃起了熊熊的火焰（图 5-16）。

图 5-16　"圣女贞德"系列

在一场表演中，亚历山大 · 麦昆运用了多种面料重构技术来诠释花朵主题（图 5-17）。他用花瓣镶嵌雪纺面料，在衣领、袖子和头饰上饰以绢花。闭场的模特穿着一件满是鲜花和树枝覆盖的礼服裙。随着模特的步伐，冰冻在她裙子上的花慢慢地融化，不断掉落于 T 台上，身后留下了一条美丽的痕迹。

从 1992 年圣马丁毕业系列的"开膛手杰克尾随他的受害者"，至 2009 年巴黎告别系列"柏拉图的亚特兰蒂斯"，亚历山大 · 麦昆为世人奉献了极为绚烂夺目、却也令人扼腕叹息的辉煌生涯。他像是玫瑰，妩媚娇艳却又锋芒毕露；他似是百合，纯洁无瑕然则暗黑涌动；他宛若樱花，盛开似锦怎奈英年早逝。他把堕落与反叛变为真实呈现于世界眼前，却将自己阴郁的想法包裹在精美的布料中，他用纺织品和花卉创造让我们屏息凝神的美好事物，却只在最后一刻留下了匆匆的背影（图5-18）。

图5-17　亚历山大·麦昆"花朵"主题秀场

图5-18　亚历山大·麦昆的作品

三、荷兰时装设计师艾里斯·范·荷本的3D打印服装

艾里斯·范·荷本（Iris van Herpen）特别擅长为服装本身的材料设计辅以夸张的造型。曾经与亚历山大·麦昆和维果罗夫（Viktor & Rolf）合作过的Iris van Herpen在设计风格上也受到两大品牌的影响，服装的前卫与再造外观，让Iris van Herpen的作品充满视觉冲击力，吸引眼球。她的同名服装品牌创立于2007年。品牌成衣在2009年阿姆斯特丹时装周上，以木乃伊为设计灵感，将硬朗和冰冷的材质进行剪裁、扭曲、编织，打造出一种概念性很强的后现代

木乃伊时尚，备受好评，是荷兰设计界的最高水平。在“荷兰设计奖”的评选中，获众多大奖，在英国皇家节日音乐厅的2010春夏季时装展秀场上大放异彩。

由于3D打印技术可以带来柔软面料无法提供的设计和结构自由，Iris van Herpen坚持在她的作品中使用3D打印技术。在2014年欧洲核子研究所的一次旅行中，Iris van Herpen参观了埋在圆形隧道内的大型强子对撞机（Large Hadron Collider，缩写LHC，这是一个位于瑞士日内瓦近郊欧洲核子研究组织的对撞型粒子加速器，作为国际高能物理学研究之用），它产生的磁场强度是地球磁场的十万倍。当她看到数不清的磁铁与电子设备通过彩色的电线与明亮的金属体链接在一起时，她被震撼到了，她说她从未见到过如此美丽的东西。受到极大鼓舞的Iris van Herpen，很快将所见所闻付诸设计，她的“实验”成果也在2015春夏系列T台上向我们展示。我们可以看到，Iris van Herpen的作品上有利用激光切割技术，将特殊的黑色皮革切割，由于磁力对铁屑的吸引，形成了花朵状锋利物体。服装上的印花和树脂装饰都是用来体现回声的物理表现，而最后几套服装所产生的“光晕”效果也是有机硅树脂中无形磁力的物理体现（图5-19）。

图5-19　3D打印服装展示

除了受到这些常人很难接触到的科学实验启发之外，Iris van Herpen的创作灵感与“水”这一元素同样密不可分。作为家中三个孩子中年龄最小的一个，她从小生长在被“水”包围的环境。她的父亲在荷兰水务局的一个地区分部工作，母亲是一名民间舞蹈与冥想老师，直到她上高中之前，她与她的家人一直居住在荷兰中部瓦勒河沿岸的一个村庄里。跟随着母亲的脚步下，Iris van Herpen在她十几岁之前一直是以成为一名专业的芭蕾舞者为目标而努力着。她童年时家中既没有电视机也没有电脑，她的大部分孩童时光都在大自然中度过，正是这样的成长环境造就了她如今严于律己的性格以及对人体律动的着迷，同时也给她带来了无穷无尽的幻想空间。

2013年，Iris van Herpen、热爱实验性高级时装的爱尔兰艺术家达夫妮·吉尼斯（Daphne Guinness）以及著名摄影师尼克·奈特（Nick Knight）三人合作拍摄了一组“水之礼服”照片。作为模特，达夫妮全身裸露站在站台上，身上只有一双鞋。尼克很快捕捉到达夫妮被黑色的水以及清水扑到身上的瞬间。Iris van Herpen将这些照片作为自己的设计灵感。她用喷灯改变了PETG材料的（PETG材料简而言之是一种透明塑料，是一种非晶型共聚酯）形状，然后她根据这些照片模仿制作了一件真正的“水之礼服”（图5-20）。

图5-20　3D打印“水之礼服”

Iris van Herpen的面料再造设计足以将我们领入时尚的另外一个时空，她前卫性的思想，不断地打破常规，她的设计就像是电影中呈现的未来科幻世界里所拥有的产物（图5-21）。

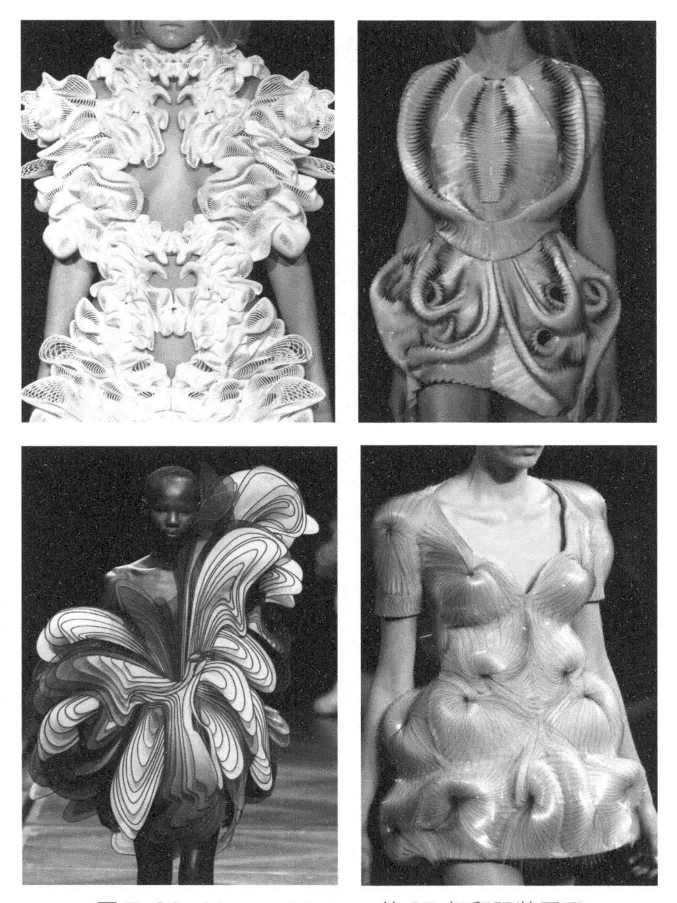
图5-21　Iris van Herpen的3D打印服装展示

四、“朋克之母”薇薇恩·韦斯特伍德

来自英国的著名时装设计师薇薇恩·韦斯特伍德（Vivienne Westwood）是朋克运动的显赫领军人物，有着“朋克之母”之称的她与其第二任丈夫马尔姆·麦克拉伦（Malm McLaren)携手迈向了朋克的时尚之路。马尔姆·麦克拉伦是英国著名摇滚乐队“性手枪”的组建者，由于有着相同的爱好与追求，薇薇恩与马尔姆使摇滚具有了典型的外表，如撕裂、挖洞T恤、拉链等，这些朋克风格的元素一直影响至今。

薇薇恩十分擅长从传统服装中汲取灵感、寻找服装面料设计素材，并融入自己的设计想法从而转化为具有现代风格的设计作品。例如，她时常提取17~18世纪传统服饰中的经典代表元素，并融入自己的设计理念进行二次设计，最后以全新、独特的视觉手法将元素完美融入时尚领域，呈现出别具一格的时尚趣味。除此之外，她还尝试将西方紧身束腰胸衣、厚底高跟鞋、经典的苏格兰格纹等元素进行重组，使其再度成为经典的时髦流行单品。皇冠、星球、骷髅等元素也是薇薇恩品牌运用的经典元素，这些元素常以绚丽的色彩被运用至在胸针、手链、项链等配饰设计上，融入了些许时尚趣味。在众多服装设计大师中，薇薇恩的设计构思常常是较为荒诞、充满戏谑的，但同时也是最具有独创性的。

20世纪70年代末，薇薇恩开始尝试在设计中使用不同的面料材质来彰显服装的魅力，如使用皮革、橡胶等材质来表现怪诞风格的服装，并配以造型夸张的陀螺型裤装、毡礼帽等戏谑怪诞的服装廓形与配饰。在80年代初期，薇薇恩开创了“内衣外穿”的大胆式穿衣风格，她将女性传统的私密胸衣穿在外衣上，在裙裤外加穿女式内衬裙、裤并将衣袖进行不对称设计，同时运用不协调的色彩组合及粗糙的缝纫线等做面料工艺再造并进行怪诞设计，她甚至扬言要把“一切在家中的秘密”公之于世来颠覆时尚准则，薇薇恩的种种疯狂设想成为时尚界一道亮丽的风景线。

面对来自社会中褒贬不一的评价，薇薇恩开始脱离强烈的社会意识与政治批判，转而逐渐重视面料材质的选择与运用。她尝试运用过很多不同的服装面料再造工艺，如波浪裙、荷叶滚边等备受国际时尚界的瞩目，这些不同的面料材质和不规则的剪裁方式，花色的对比方式、无厘头穿搭方式等已成为她独特的品牌风格（图5-22）。

图5-22　薇薇恩·韦斯特伍德服装作品展示

五、中国设计师马可的“无用”之用

马可在服装业最早的声誉来自1994年的“兄弟杯”金奖作品《秦俑》。在接下来的20多年里，马可意识到了自己从一个时装设计师、服装设计师、设计师，甚至几乎是一个艺术家到“我”的转变。在她的众多作品中，最受大众喜欢的是《大地》和《奢侈与贫穷》中的作品，因为它们能被广泛地接受和穿着，有“人气”和温度。

作为“无用”这个品牌的创始人，马可对于造物、制衣和设计有着自己的想法和执念。她用她的面料再造设计征服了世界。2007年，巴黎时装周由马可的作品开幕，这次展览的主题是“土地”，把衣服埋在土里，任由大自然的蹂躏，留下大自然的痕迹（图5-23）。

图5-23　马可“土地”系列设计作品

马可说，从收到邀请函到落在展台上的那些从空中掉下来的土壤，那是来自中国和法国的土壤。这些土壤来自几乎被城里人遗忘的土地，这提醒了她，她近年来在中国偏远乡村的旅行唤起了她对“土地”的记忆。“在异国他乡的旅途中，我似乎渐渐地接触到了世界的真谛……”这些靠双手和土地生活的、过着和平生活的人们，对世世代代耕耘的土地的深厚感情和与自然的和谐亲近感染了她，使她意识到土地的意义不仅仅是提供生存的食物，更是我们生命的源泉和灵魂的归宿。

六、"中国高定第一人"郭培

我国著名服装设计师郭培早年就读于北京市第二轻工业学校，主修服装设计专业，在校期间，她就表现出了不同凡响的设计天赋。如今，作为我国第一代服装设计师与高级定制服装设计师，她曾为众多社会名流设计定制礼服，如近年来的春节联欢晚会中，主持人身着的礼服大多来自郭培的设计工作坊，她也因此被誉为"春晚御用设计师"。在业界人士看来，力求极致完美的她在我国服装业界有着举足轻重的地位。

多年来，郭培对于时尚一直有着自己独到的审美与见解，她的作品常常代表了女性的时尚梦想。作为中国最早开辟定制礼服之路的郭培，也因此成为国内一线女星最早选择的高级定制服装设计师，郭培的服装作品总是令人过目不忘且为之惊叹，如 2008 年北京奥运会颁奖礼服、希腊奥运圣火采集仪式上章子怡身着的服装、2009 年春节联欢晚会上宋祖英的"瞬间换装术"等。

在郭培心中，将中国传统工艺推向世界是其毕生的设计梦想，她认为若要弘扬中国设计，就必须先学会运用自己的语言去设计，如果一味地借鉴与模仿只会使自己思绪变得越来越混乱。刺绣是郭培在设计中最常运用的一种工艺手法，用刺绣方式表现出雍容华贵的凤凰、牡丹与玲珑秀美的雕花都精致至极（图 5-24）。

图 5-24　郭培的服装设计作品

多年来，郭培设计了无数的优秀作品，在她的工作室里有近 200 位绣娘，每天专注于刺绣，她坚持每一件服装都纯手工制作，这种用心的设计态度在业内时常被传颂。对郭培来说，即便一件服装需要手工制作上千个小时才能完成，但她也从不吝惜时间，力求完美精致。在为 2008 年北京奥运会设计颁奖礼服时，郭培倾注了大量的心血，设计了上百张图纸，奋战了数月，最终取得了满意的设计效果。5000 多年的文明历史发展孕育了优秀的传统文化，也深深积淀了中华民族最深沉的精神追求。自始至终，郭培坚持从中国传统文化中汲取设计灵感，在设计中体现当代中国的时代精神与民族气魄（图 5-25）。

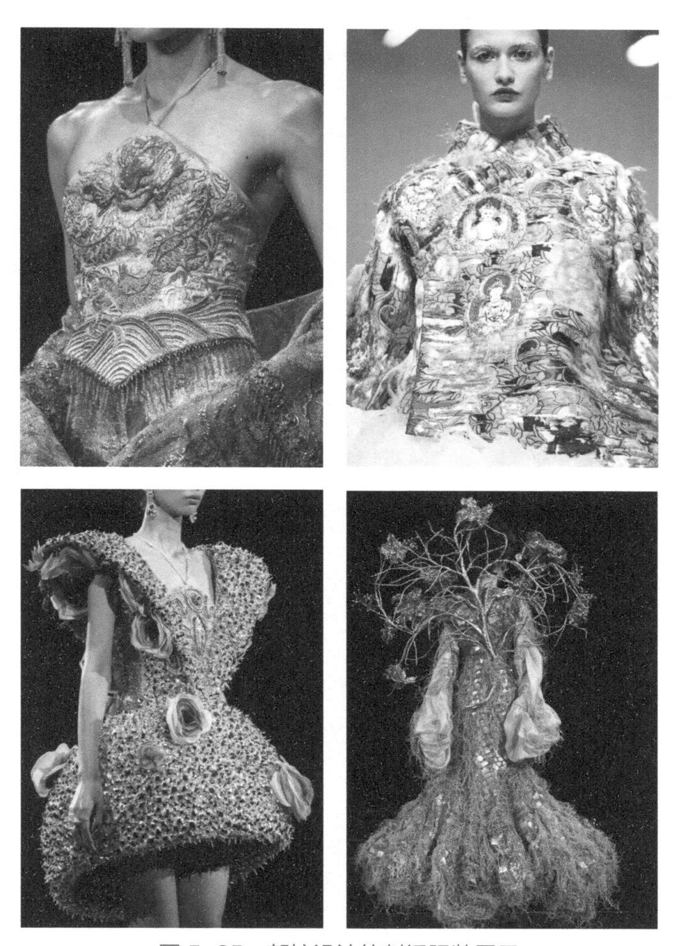

图 5-25　郭培设计的刺绣服装展示

她的作品中流露着自己对于事业的热爱以及对梦想不懈的追求。对郭培来说，设计已不再是单纯的设计，她将秉承着传递中国传统文化的历史使命，发扬东方审美风范，促进中西方文化交流与艺术融合。

第六章
基于服装面料再造的服装设计实践案例

上述服装面料再造只是从局部反映面料艺术的主题。只有将面料再造设计具体的表现形式和艺术效果运用在服装设计中，成为服装的一部分，它才最终能够体现出设计师的设计思想和本身的应用价值。在前面的章节中，已经提到一些将面料小样运用于服装设计中的实际案例，即在应用再造设计的面料时，不仅要考虑其在服装中的局部与整体的布局位置，还要考虑其与服装三大要素的关系，特别是与服装整体的协调关系。以下的服装效果图反映了通过对服装面料进行二次印染设计、面料结构的整体再造设计、面料结构的局部构造设计、添加装饰性附着物的设计、服装面料多元组合设计等手法进行再造设计后的面料在服装中的具体运用。

第一节　以传统建筑为面料再造的“反时尚”情怀

设计作品《江南的日子》系列以苏州的粉墙黛瓦为设计元素，蕴含了设计师对所生活的水乡城市的印象和感情。江南的粉墙黛瓦是经过时间的洗礼留下来的印迹，是大自然给予江南水乡浑

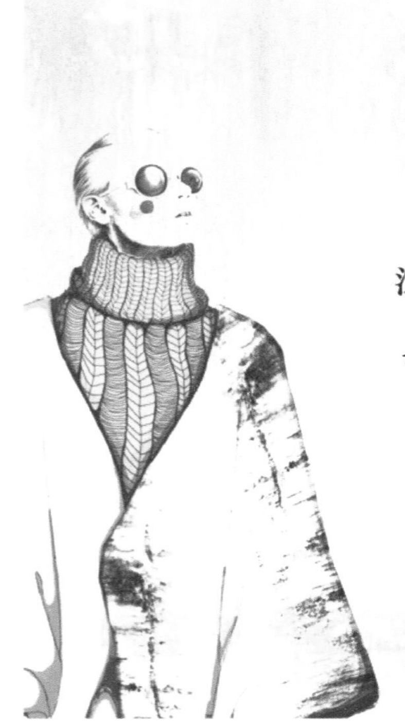

图 6-1 《江南的日子》系列设计说明（作者：陈丁丁）

然天成的装扮，是现代科学技术所代替不了的。设计师将自然的花纹机理用刺绣和丝网印刷的工艺手段呈现在服装上，采用不同面料材质以创新的手法做出服装的层次感，如纯手工针织、数码印花、肌理打磨、水洗做旧、脏染等面料再造设计手法，使服装与江南水乡的天然韵味相结合，将最原始的形态用现代的手法去还原和展现。希望在快节奏发展的当今，人们能够回归本心，去除内心的浮躁，既落落大方又不失江南水乡的优雅与精致。

本系列作品采用立体裁剪作为主要的设计手法，着重刻画细节部分，突出服装的层次感，采用不同面料的拼接和组合，表现出主题韵味（图 6-1 ~ 图 6-13）。

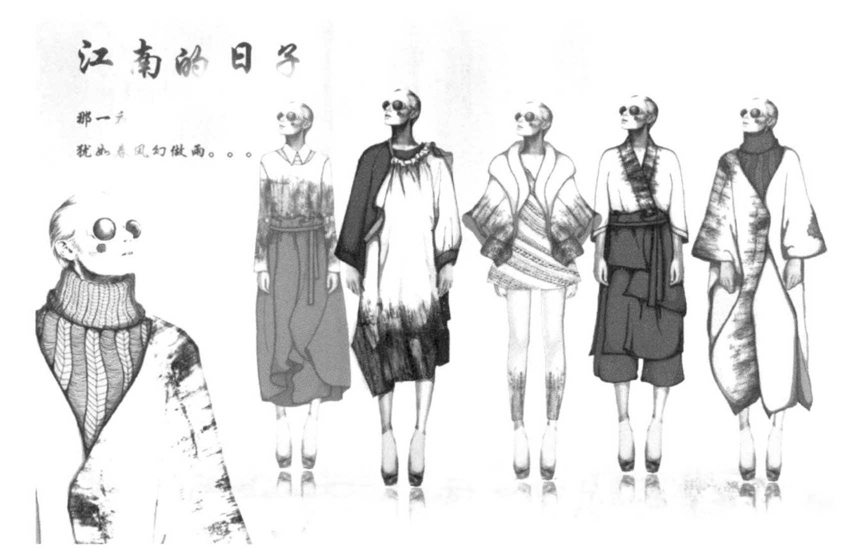

图 6-2 《江南的日子》系列效果图（作者：陈丁丁）

图 6-3 《江南的日子》系列设计款式图（作者：陈丁丁）

图 6-4 《江南的日子》系列成衣效果 1（作者：陈丁丁）

图 6-5 《江南的日子》系列成衣效果 2（作者：陈丁丁）

图 6-6 《江南的日子》系列成衣效果 3（作者：陈丁丁）

图 6-7 《江南的日子》系列成衣效果 4（作者：陈丁丁）

图 6-8 《江南的日子》系列成衣效果 5（作者：陈丁丁）

图 6-9 《江南的日子》系列成衣效果 6（作者：陈丁丁）

图 6-10 《江南的日子》系列成衣效果 7（作者：陈丁丁）

图 6-11 《江南的日子》系列成衣效果 8（作者：陈丁丁）

图 6-12 《江南的日子》系列成衣效果 9（作者：陈丁丁）

图 6-13 《江南的日子》系列成衣效果 10（作者：陈丁丁）

第二节 对中国文化和传统手工艺的创新再造解读

《忆·空》系列回归到中国传统文化中，以仙鹤为主题，以苏绣为主要面料再造手法，并采用现代 3D 打印制作配饰。材质是真丝与羊毛呢的复合面料，在其上以手工绣制金丝仙鹤栩栩如生、朝气蓬勃。柔软的缎面配合传统中国元素，苏绣也从传统的易断的真丝绣线改而采取肌理感极强的毛线分股当作绣线，与压褶后的真丝面料很好地结合在一起，与立体现代的 3D 仙鹤模型形成了鲜明的对比，成为设计中的一大亮点。作品中还嵌入了极具现代感的热熔胶工艺，探索传统与现代结合的可能性。色彩提取中国红为主色，款式上采取传统的平面裁剪的手法与半立体结构相结合，增添了时代感。

整个系列在基于继承传统，发扬中国非物质文化遗产四大名绣之一的苏绣的基础上，剔除了传统绣线在服装中易断、易损耗的缺点，并推陈出新，保留优秀的传统手工艺，增加其实用性。简单利落的结构线条勾勒出大气的中式款式，传统与现代的工艺表现充满张力，把极具包容性的中国文化意蕴体现得淋漓尽致（图 6-14 ~ 图 6-29）。

图 6-14 《忆·空》系列灵感来源（作者：陈丁丁）

图 6-15　在《忆 · 空》系列中运用的传统苏绣工艺（作者：陈丁丁）

图 6-16　传统的苏绣工艺运用在《忆 · 空》系列中服装上（作者：陈丁丁）

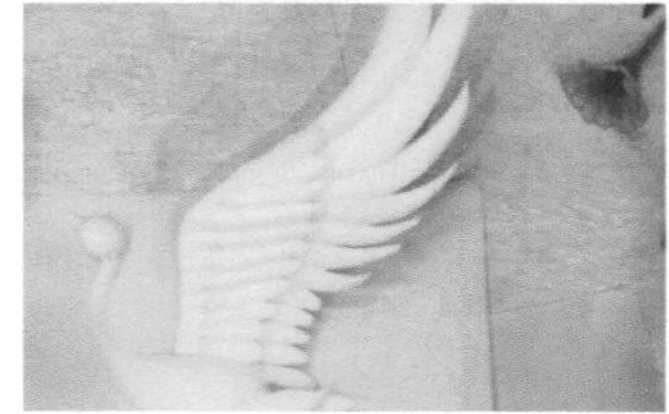

图 6-17 《忆 · 空》系列中 3D 打印的运用（作者：陈丁丁）

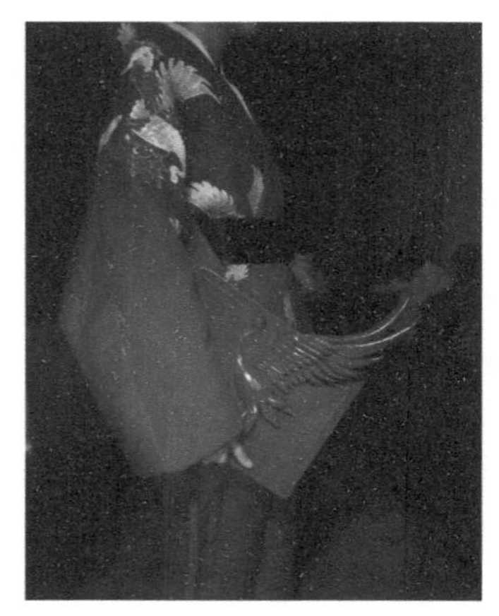

图 6-18　在《忆 · 空》系列中运用了 3D 打印工艺的效果展示（作者：陈丁丁）

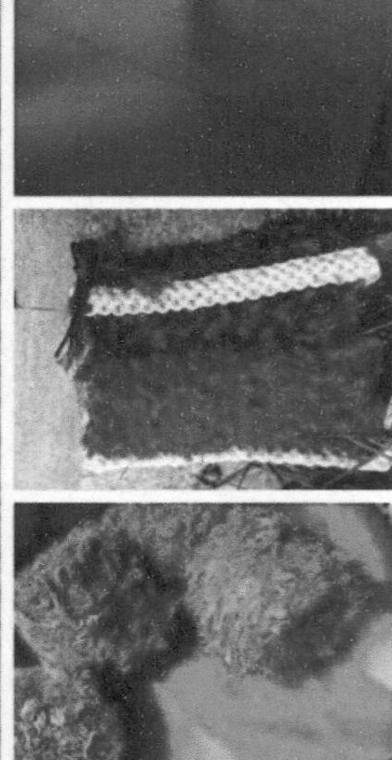

图 6-19 《忆 · 空》系列中运用的真丝面料压褶工艺和传统的针织工艺、现代的刮胶工艺（作者：陈丁丁）

图 6-20 《忆 · 空》系列的色彩提案（作者：陈丁丁）

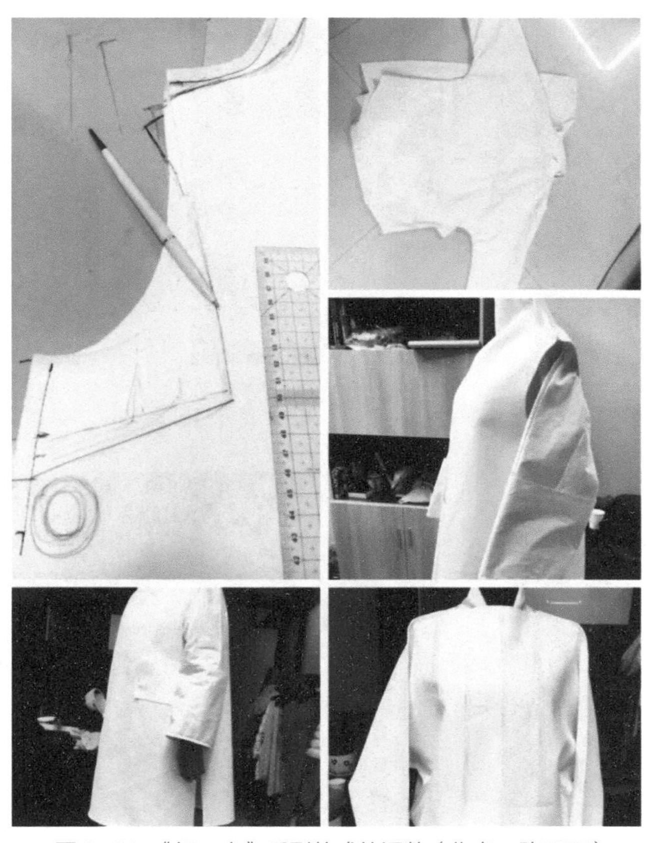

图 6-21 《忆 · 空》系列款式的调整（作者：陈丁丁）

图 6-22 《忆 · 空》系列效果图（作者：陈丁丁）

图 6-23 《忆 · 空》系列成衣效果 1（作者：陈丁丁）

图 6-24 《忆 · 空》系列成衣效果 2（作者：陈丁丁）

图 6-25 《忆 · 空》系列成衣效果 3（作者：陈丁丁）

图 6-26 《忆 · 空》系列成衣效果 4（作者：陈丁丁）

图 6-27 《忆 · 空》系列成衣效果 5（作者：陈丁丁）

图 6-28 《忆·空》系列成衣效果 6（作者：陈丁丁）

图 6-29 《忆·空》系列成衣效果 7（作者：陈丁丁）

第三节　以大自然为灵感的服装面料再造设计

在科技快速发展的今天，我们对于未来充满了无限的想象，服装的功能性也会被强调，越来越多的技术创新被融入时尚业的设计、生产中，智能面料、可穿戴技术的应用就是代表。本系列以光源为主题，以自然界中若即若离的水母为设计元素，与科技材料相结合，以装置艺术的形式呈现，并呼吁大家在当下科技迅速发展的今日，应时刻关注大自然。

采用独创的面料再造方式去丰富其服装质感，真丝印花之后加之硅胶来表现水母的通透感，LED 感应灯透过真丝印花忽隐忽现的透着光芒，把水母若隐若现的光感灵活地表现出来。边缘拼接地方采用手工苏绣的方式，使水母的生动形象在二维的服装中呈现，既避免了机器的死板，又能使服装元素更具冲击力。针织面料的运用保留了传统手工带来的温度，新潮的款式图迎合了当下的年轻群体，以身作则，用一己之力发扬传统的优秀文化，在科技发展迅速的时代，传统文化的继承需更新颖、更再造的方式去传播给消费群体（图 6-30 ~ 图 6-38）。

2016/2017秋冬时装流行趋势提案
主题趋势 —— 光源

像梦一样
在飞翔
不知道的远方
总有一种力量
在深深地吸引着我

那是一双隐形的翅膀
带动着远方
在向我呼唤
没有风
依然在飘荡
也不知道什么时候才会停歇
我只是这样在飘荡

无言的祝福就像情歌一样
在心中荡漾
流淌着甜甜的美好
也孕育着明天的希望

在那遥远的地方
有为梦想放飞的翅膀
……

图6-30 《光源》系列服装流行趋势提案（作者：陈丁丁）

2016/2017秋冬时装流行趋势提案
配饰趋势 —— 光源

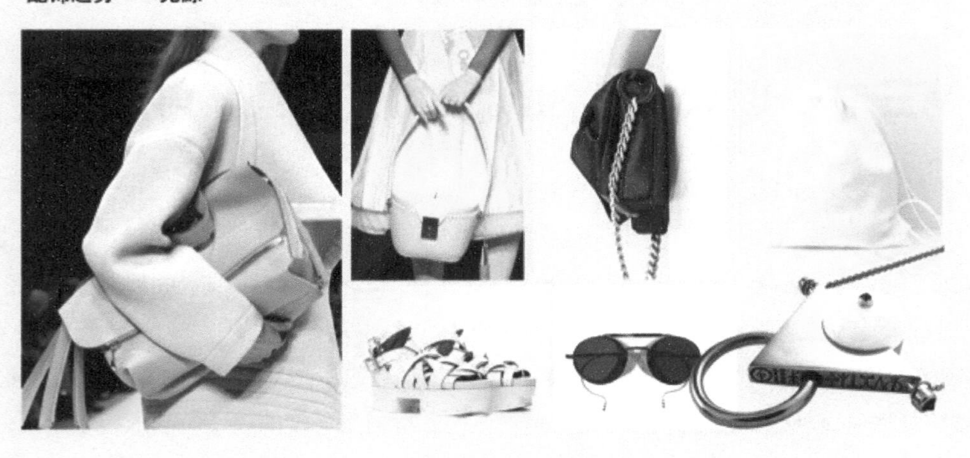

轻松、自然，使本季配饰也具有浓浓的邻家气息，那是一种亲切，一种如初恋般的美好。
没有过多的装饰，只是保留那份本真和单纯。
随性、洒脱也是这一季配饰趋势的代名词，没有那么多拘束，随心所欲的搭配，就是很美的。

图6-31 《光源》系列服装配饰趋势提案（作者：陈丁丁）

2016/2017秋冬时装流行趋势提案
色彩趋势——光源

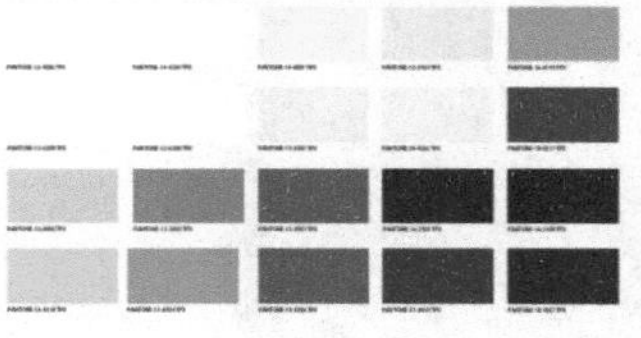

本季色彩趋势摒弃了大范围色彩的铺盖和混合，而是回归到原点，回到最本真的色彩——清雅色系，这一色系最为代表性的色彩是白色。

没有耀眼的绚烂，没有浮夸的颜色，没有跳动的脉搏，而是如流水般的清澈，或者那是一种心灵的诉说，这里没有喧嚣。
使用纯净的白色，营造一场烂漫的冬季情节，那是记忆里的痕迹，是一种无限的遐想。

图 6-32 《光源》系列服装色彩趋势提案（作者：陈丁丁）

2016/2017秋冬时装流行趋势提案
面料趋势——光源

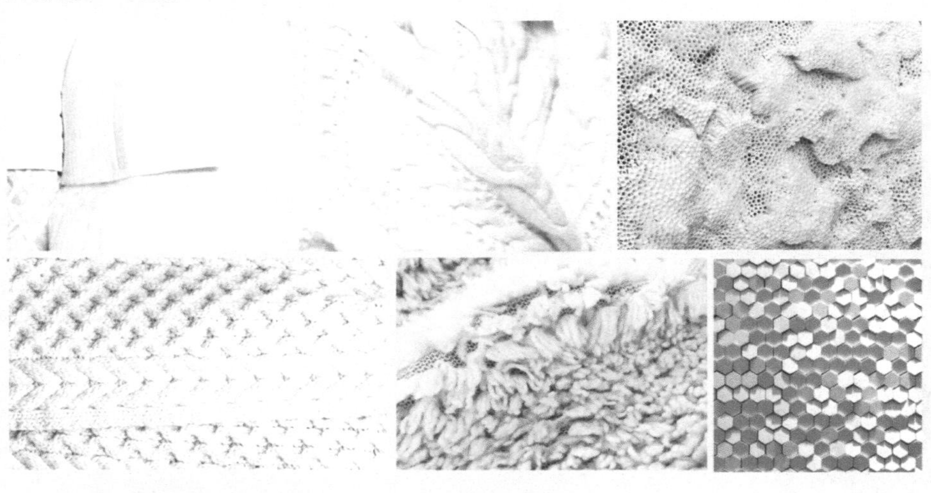

充满肌理和未来感的面料为本季流行趋势的主打面料，我们崇尚科技、提倡环保，会呼吸的面料也会给我们带来不一样的全新感受。
纯天然织物的针织面料越来越受到我们的喜爱，它不仅仅局限于秋冬装的设计，生活中，春夏服装里也越来越受到人们的喜爱。
我们不断的创造，不断的探索，没有思维的局限，只有无限的设计空间。

图 6-33 《光源》系列服装面料趋势提案（作者：陈丁丁）

图 5-34 《光源》系列服装款式图 1（作者：陈丁丁）

图 6-35 《光源》系列服装款式图 2（作者：陈丁丁）

图6-36 《光源》系列服装成衣效果1（作者：陈丁丁）

图6-37 《光源》系列服装成衣效果2（作者：陈丁丁）

图6-38 《光源》系列服装成衣效果3（作者：陈丁丁）

第四节　质朴绗缝的服装面料再造设计禅意美学表达

该系列服装将传统服饰与现代美学相结合，表达对于质朴的情感、传统手工艺表层“平凡”的解读，实质上是通过手工艺来表达服装的精致而不喧哗，就像我们的生活，平凡而又精彩，简洁而不简单。款式结构上采用平面裁剪与立体裁剪相结合的手法，使整个系列更具有时代感，采用真丝与牛仔以及针织、丝麻面料加以传统工艺的绗缝、刺绣、做旧等手段。再加之现代工艺，探索传统与现代的无限可能（图6-39～图6-46）。

设计说明：

《平凡之路》

该系列服装将传统服饰文化与现代美学相结合，表达对于质朴的情感，对于传统手工艺表面“平凡”的解读，实质上是手工的精致而不喧哗，低调的奢侈就像是我们的生活，平凡而又精彩，简洁而不简单。款式结构采用平面裁剪的手法结合半立体结构使整个系列更具有时代感，采用真丝与牛仔以及针织面料加以传统工艺的绗缝、刺绣、做旧等。以及现代工艺，探索传统与现代的无限可能。

图6-39 《平凡之路》系列服装设计说明（作者：陈丁丁）

图 6-40 《平凡之路》系列服装效果图（作者：陈丁丁）

款式一

她
性格直爽，
纯粹，对衣服
剪裁更有独见
平面
或半立体结构，
线条干净，
利落；
若抽褶，也要
深邃，内涵。

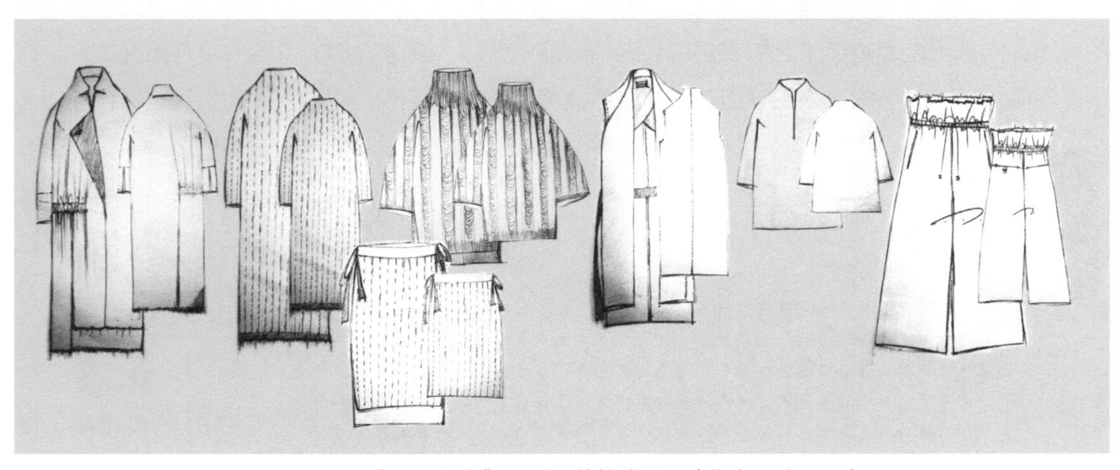

图 6-41 《平凡之路》系列服装款式图 1（作者：陈丁丁）

平凡，是一种心境。

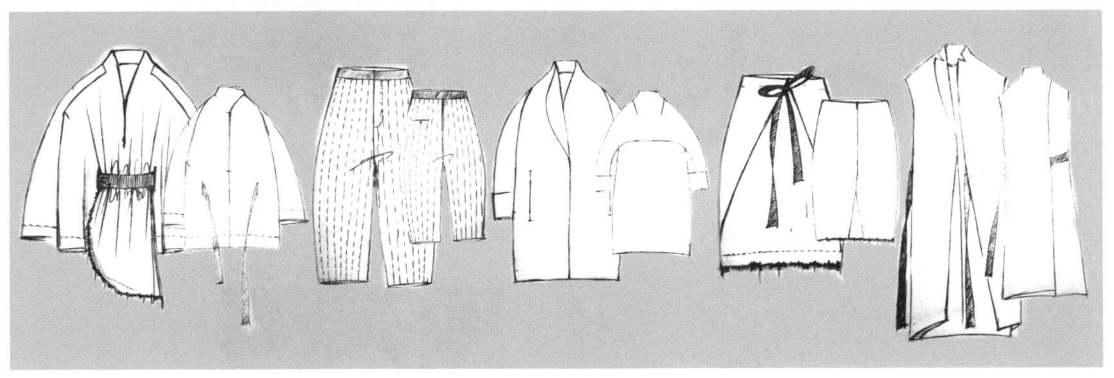

图 6-42 《平凡之路》系列服装款式图 2（作者：陈丁丁）

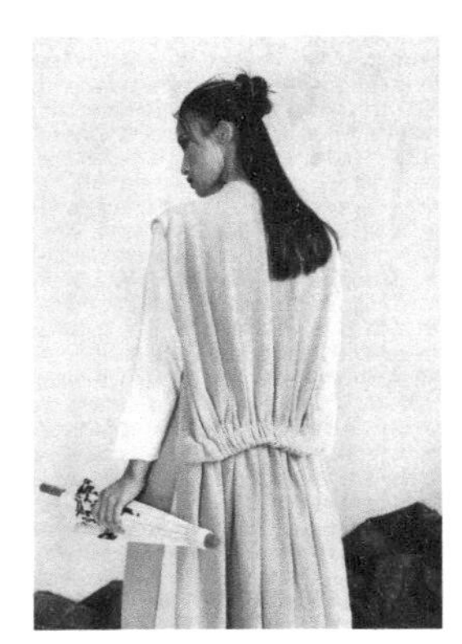

图 6-43 《平凡之路》系列服装作品展示 1（作者：陈丁丁）

图 6-44 《平凡之路》系列服装作品展示 2（作者：陈丁丁）

图 6-45 《平凡之路》系列服装作品展示 3（作者：陈丁丁）

图 6-46 《平凡之路》系列服装作品展示 4（作者：陈丁丁）

第五节　多种面料复合的再造设计手法

《椿之梦》系列服装的设计灵感来源于动漫电影《大鱼海棠》。服装以不规则设计、不对称设计、网状织带抽绳的运用、水墨图案等具有中国元素的设计，表现了被渔网网住险些丧生的椿，为了报答有救命之恩的人类男孩，历经的种种苦难与阻碍，最终使男孩获得重生的经过。

该系列服装风格总体休闲中带有温婉的女性意味，也体现了女性的坚强与独当一面的魄力，服装棉麻风与细毛呢结合；服装造型通过分解再重组，使服装每一个部分既是完整的又是可以独立存在的个体；服装颜色选取柔和度较高的灰色系，图案以云海为主要纹样，呼应故事发生的主要环境；面料主要采用棉麻、毛呢及纱等，使服装呈现出朦胧梦幻美；工艺上采用拼接、抽褶的方法，其中抽褶呼应了电影中大鱼的鱼鳍，而拼接则增加了层次感和丰富度（图 6-47 ~ 图 6-60）。

图 6-47 《椿之梦》系列服装效果图（作者：徐文洁）

图 6-48 《椿之梦》系列服装款式图（作者：徐文洁）

图 6-49 作品面料再造设计过程 1
（作者：徐文洁）

图 6-50 作品面料再造设计过程 2
（作者：徐文洁）

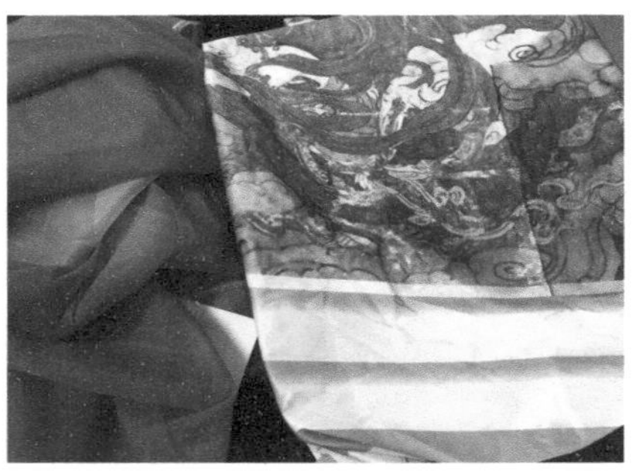

图 6-51 作品面料再造设计过程 3
（作者：徐文洁）

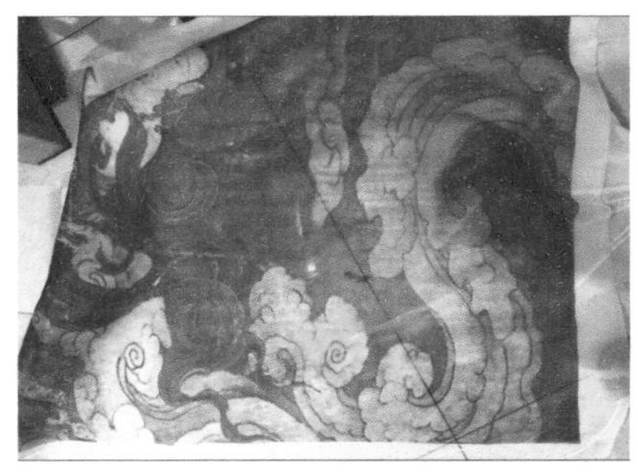

图 6-52 作品面料再造设计过程 4
（作者：徐文洁）

图 6-53 作品面料再造设计过程 5
（作者：徐文洁）

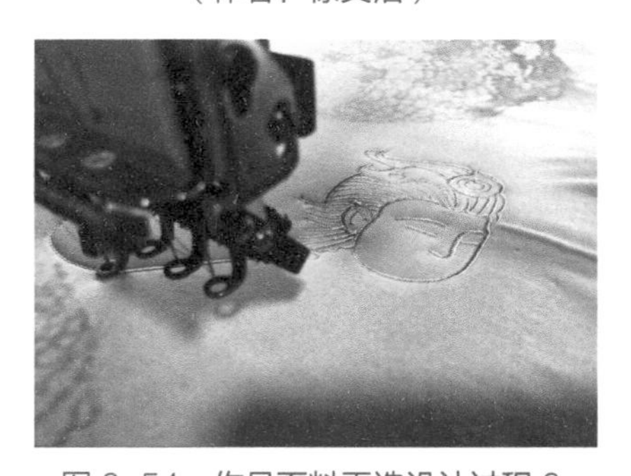

图 6-54 作品面料再造设计过程 6
（作者：徐文洁）

图 6-55 作品面料再造设计过程 7（作者：徐文洁）

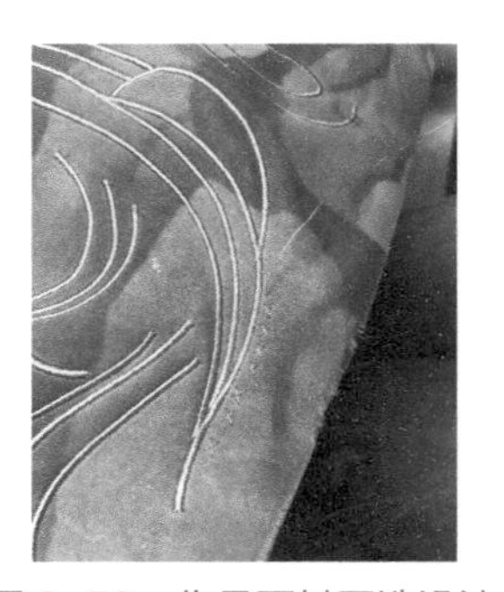

图 6-56 作品面料再造设计过程 8（作者：徐文洁）

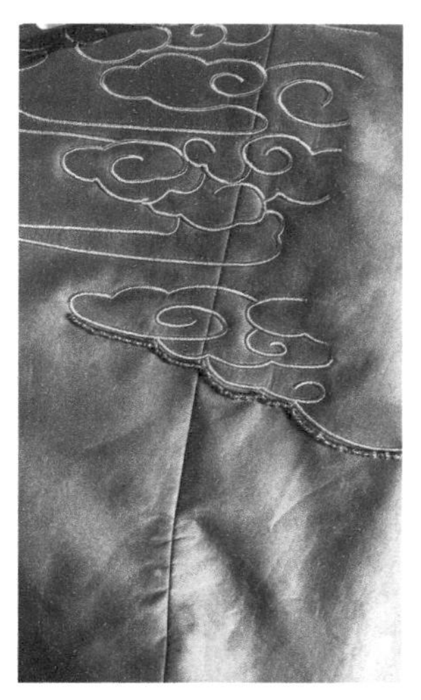

图 6-57　作品面料再造设计过程 9
（作者：徐文洁）

图 6-58　作品面料再造设计过程 10
（作者：徐文洁）

图 6-59　作品面料再造设计过程 11
（作者：徐文洁）

图 6-60　作品面料再造设计过程 12
（作者：徐文洁）

第六节　关于传统文化在面料再造设计中的探索

《Descendants of The Dragon》系列服装是根据当下流行趋势，运用象征中华民族的龙形纹样和色彩，与现代服装工艺、面料相结合，面料上采用全面双层复合布面料，以此呼应设计中的素雅、质朴、民族感；运用百褶二次做面料肌理，塑造其轮廓感，使服装整体的“软”“硬”相结合，层次丰富（图 6-61 ~ 图 6-72）。

图 6-61 《Descendants of The Dragon》系列服装效果图（作者：徐文洁）

图 6-62 《Descendants of The Dragon》系列服装款式图 1（作者：徐文洁）

图 6-63 《Descendants of The Dragon》系列服装款式图 2（作者：徐文洁）

图 6-64 《Descendants of The Dragon》系列服装中的面料再造设计 1（作者：徐文洁）

图 6-65 《Descendants of The Dragon》系列服装中的面料再造设计 2（作者：徐文洁）

图 6-66 《Descendants of The Dragon》系列服装中的面料再造设计 3（作者：徐文洁）

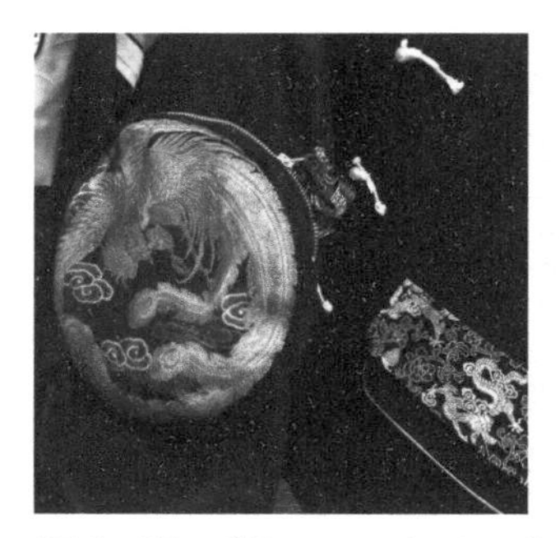

图 6-67 《Descendants of The Dragon》系列服装中的面料再造设计 4（作者：徐文洁）

图 6-68 《Descendants of The Dragon》系列服装中的面料再造设计 5（作者：徐文洁）

图 6-69 《Descendants of The Dragon》系列服装中的面料再造设计 6（作者：徐文洁）

图 6-70 《Descendants of The Dragon》系列成衣效果展示 1（作者：徐文洁）

图 6-71 《Descendants of The Dragon》系列成衣效果展示 2（作者：徐文洁）

图 6-72 《Descendants of The Dragon》系列成衣效果展示 3（作者：徐文洁）

第七节　刺绣工艺在服装设计中的应用

图 6-73 《夜月》系列服装效果图（作者：岳满）

《夜月》系列作品采用月球的几何形体做元素，表现时空的穿越感。面料用丝绸与牛仔相结合，加一些印花、刺绣等工艺来表现灵感元素，让服装在传统与现代工艺相结合下极具视觉冲击力和层次感（图 6-73 ~ 图 6-76）。

图 6-74 《夜月》系列服装工艺细节（作者：岳满）

图 6-75 《夜月》系列成衣效果 1（作者：岳满）

图 6-76 《夜月》系列成衣效果 2（作者：岳满）

第八节　借助对面料的多种塑造方法思考自身重塑

《2019》系列作品灵感来源于作者对寻找“自我”的思考。作者渐渐了解到，“找到我”的过程，其实也是“丢弃我”的过程，正如哲学概念上的“新旧事物”理念一样，我并没有完全地找到“我”，也没有完全地丢弃“我”，我从以前的我身上汲取优点，改善缺点，成长为一个更好的自己，而我也只能找到某一个时间点的自己，所以作品名字取名为当下的时间点“2019”（图 6-77 ~ 图 6-94）。

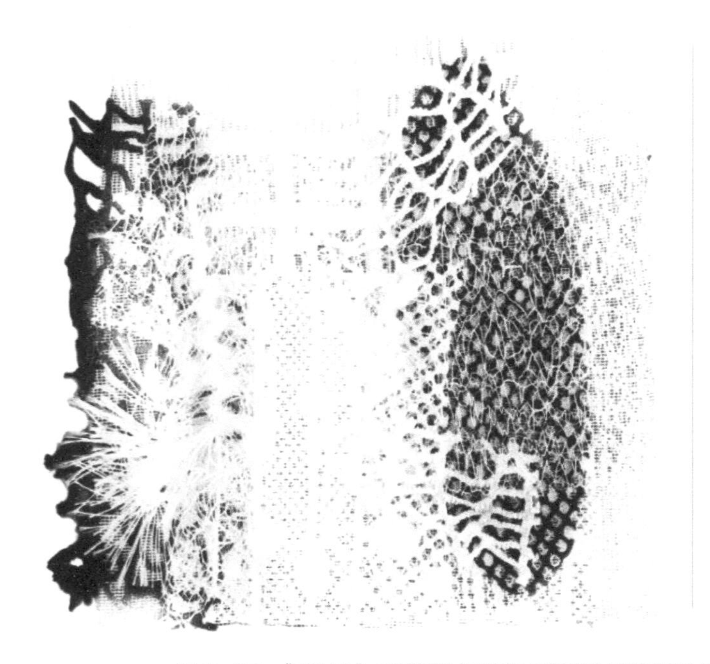

尺寸：15cm×15cm

材料：蕾丝、欧根纱、网纱、网眼

图 6-77 《2019》系列通过面料再造设计寻找设计灵感 1（作者：韩雅坤）

尺寸：15cm×15cm

材料：棉花、褶皱布料、网眼、毛线、纱、颜料

图 6-78 《2019》系列通过面料再造设计寻找设计灵感 2（作者：韩雅坤）

尺寸：15cm×15cm

材料：欧根纱、网纱、网眼

图 6-79 《2019》系列通过面料再造设计寻找设计灵感 3（作者：韩雅坤）

图 6-80 《2019》系列通过面料再造设计寻找设计灵感 4（作者：韩雅坤）

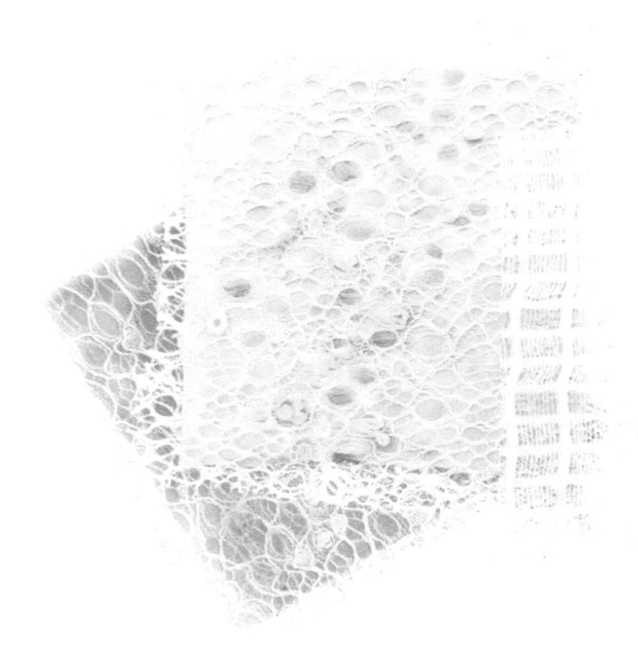

图 6-81 《2019》系列服装中使用的面料再造设计小样制作 1（作者：韩雅坤）

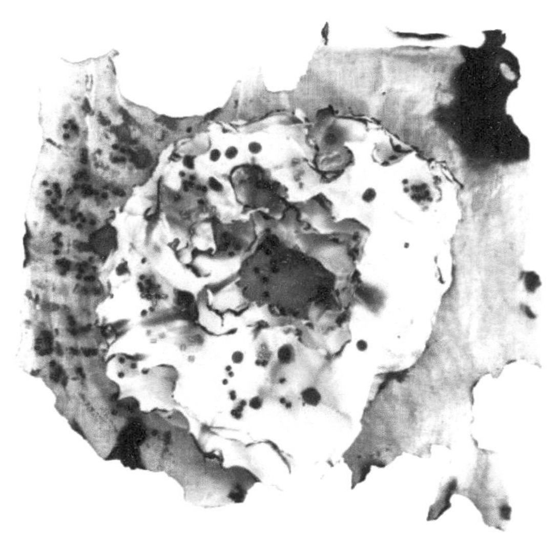

尺寸：15cm×15cm
材料：白坯布、化纤面料
加工方式：火烧

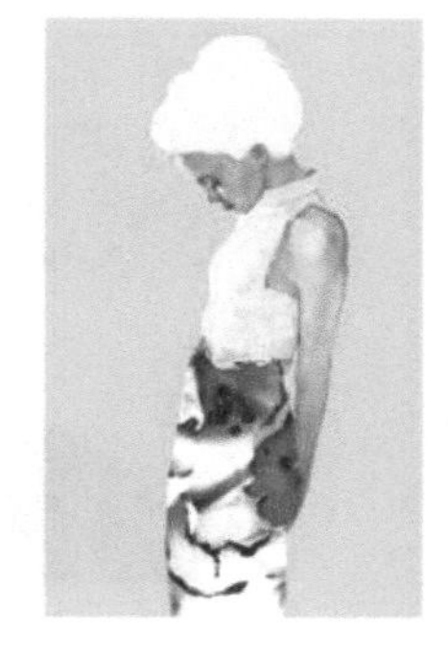

图 6-82 《2019》系列服装中使用的面料再造设计小样制作 2（作者：韩雅坤）

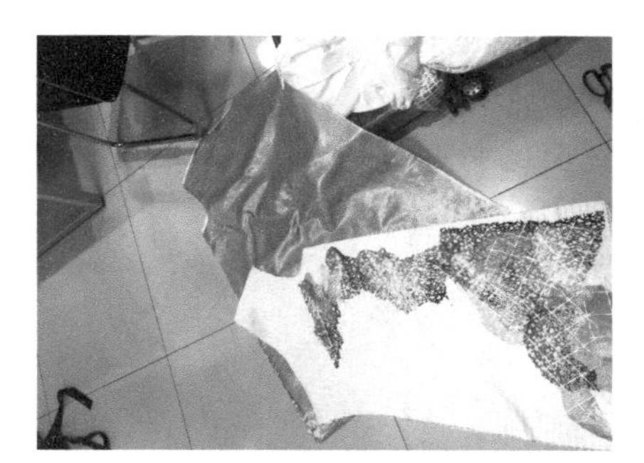

图 6-83 《2019》系列服装中使用的面料再造设计小样制作 3（作者：韩雅坤）

图 6-84 《2019》系列服装设计效果图（作者：韩雅坤）

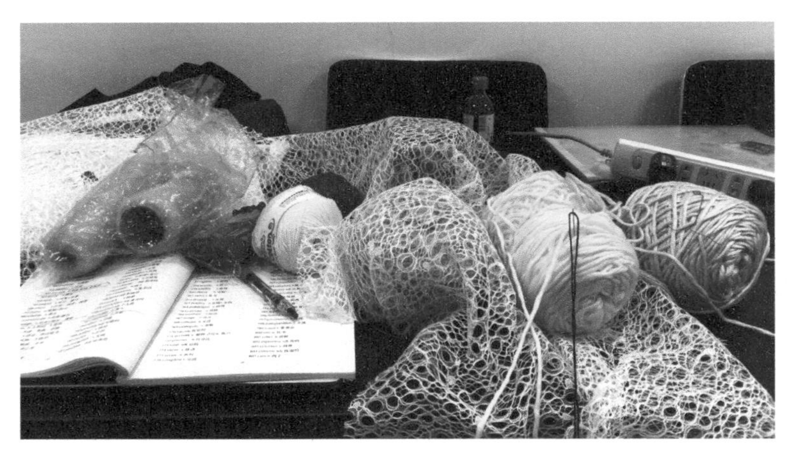

图 6-85 《2019》系列服装材料准备（作者：韩雅坤）

图 6-86 《2019》系列面料再造设计在服装局部的应用 1（作者：韩雅坤）

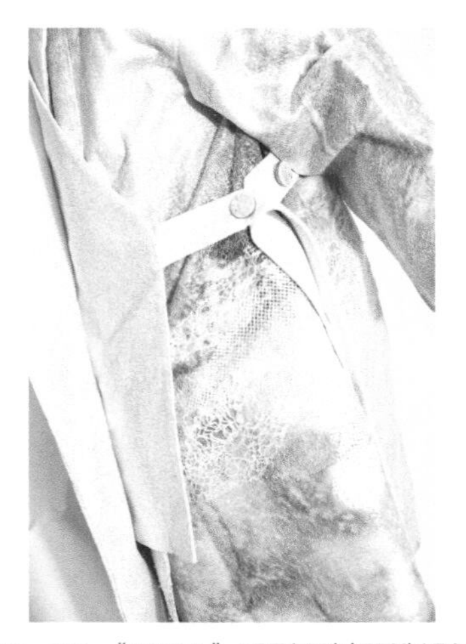

图 6-87 《2019》系列面料再造设计在服装局部的应用 2（作者：韩雅坤）

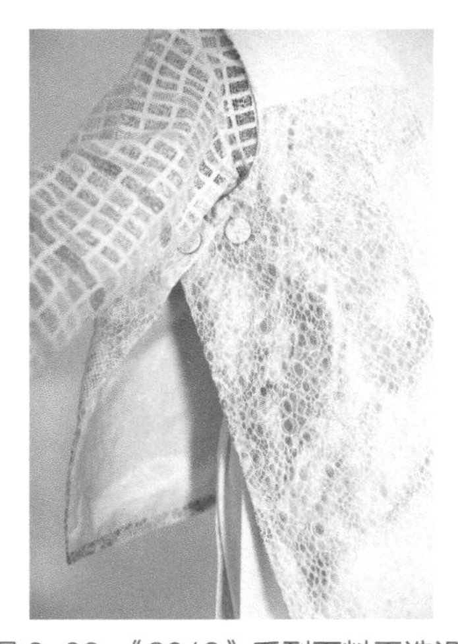

图 6-88 《2019》系列面料再造设计在服装局部的应用 3（作者：韩雅坤）

图 6-89 《2019》系列面料再造设计在服装局部的应用 4（作者：韩雅坤）

图 6-90 《2019》系列面料再造设计在服装局部的应用 5（作者：韩雅坤）

图 6-91 《2019》系列成衣效果 1（作者：韩雅坤）

图 6-92 《2019》系列成衣效果 2（作者：韩雅坤）

图 6-93 《2019》系列成衣效果 3（作者：韩雅坤）

图 6-94 《2019》系列成衣效果 4（作者：韩雅坤）

第九节　以建筑和水墨为服装面料再造设计的灵感展现

《窥镜》系列服装的灵感来源是以建筑和水墨为主，在结构上采用了苏派现代建筑与古老建筑的结合，并融合了中国传统水墨、书法艺术及周庄纹样元素，它有着独特、凝练、含蓄、超越的表现形式，充满着辩证的哲理思考，也反映着以“形”延“意”的思维意趣，印证了中华民族的内在的修养、品性和操守。“窥镜”意为通过古老的和现代的建筑特色及文化艺术形式运用对比的手法，通过由一个点，窥见整个景色。对比与反思每个人都有两个面，窥见自己的过去和未来（图 6-95～图 6-106）。

图 6-95 《窥镜》系列服装作品 1（作者：陈莉）

图 6-96 《窥镜》系列服装作品 2（作者：陈莉）

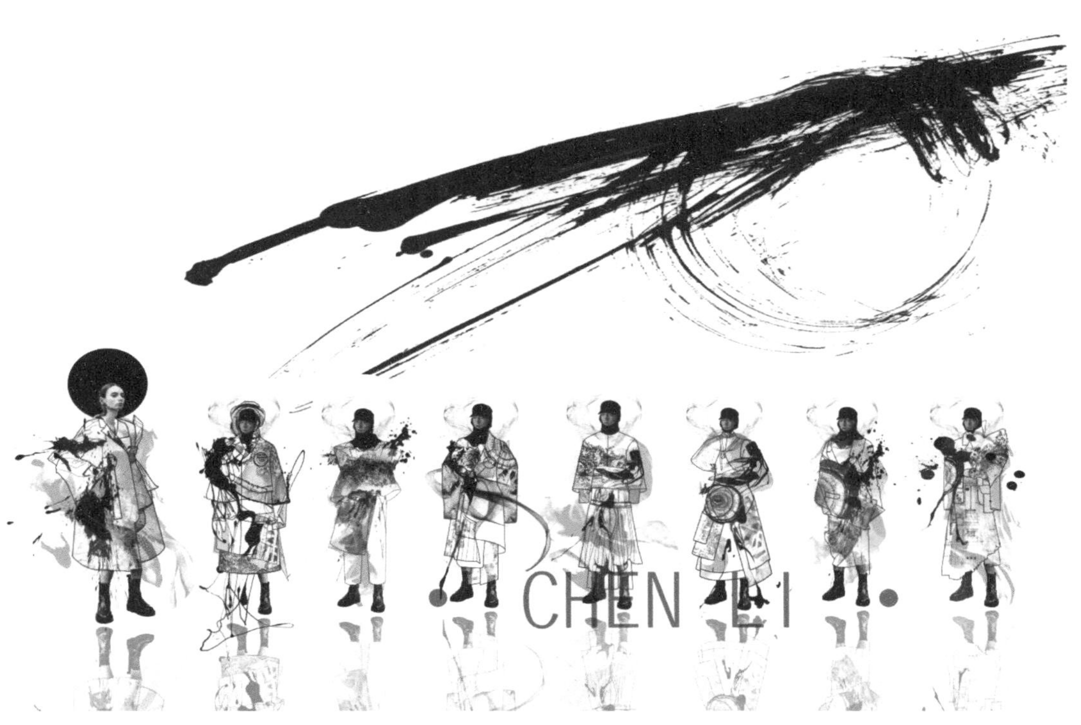

图 6-97 《窥镜》系列服装作品效果图（作者：陈莉）

图 6-98 《窥镜》系列服装作品款式图（作者：陈莉）

图 6-99 《窥镜》系列服装面料再造过程 1（作者：陈莉）

图 6-100 《窥镜》系列服装面料再造过程 2（作者：陈莉）

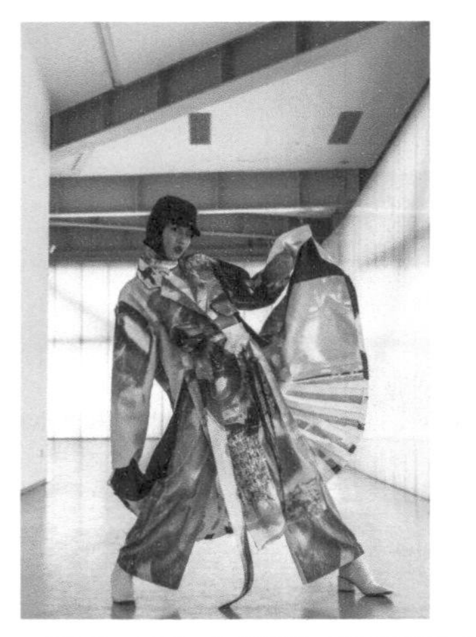

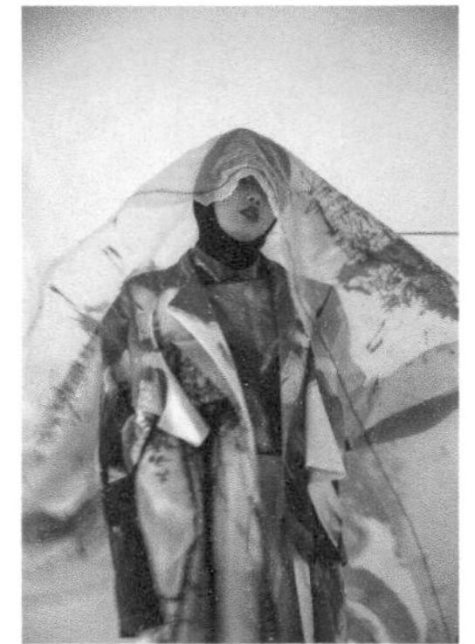

图 6-101 《窥镜》系列服装成衣效果 1（作者：陈莉）

图 6-102 《窥镜》系列服装成衣效果 2（作者：陈莉）

图 6-103 《窥镜》系列服装成衣效果 3（作者：陈莉）

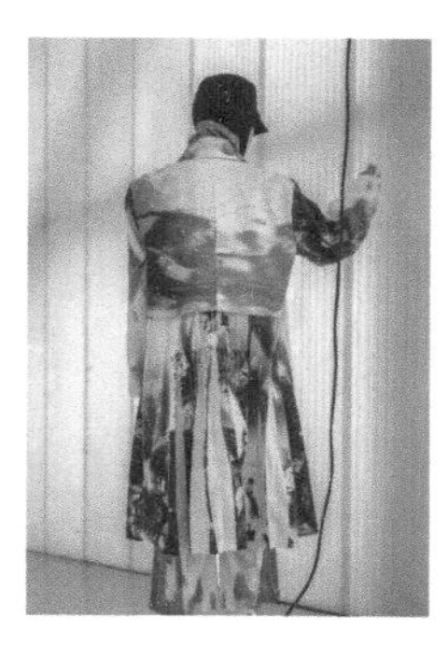

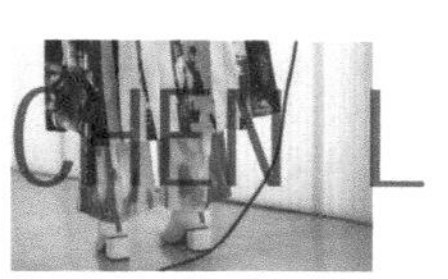

图 6-104 《窥镜》系列服装成衣效果 4（作者：陈莉）

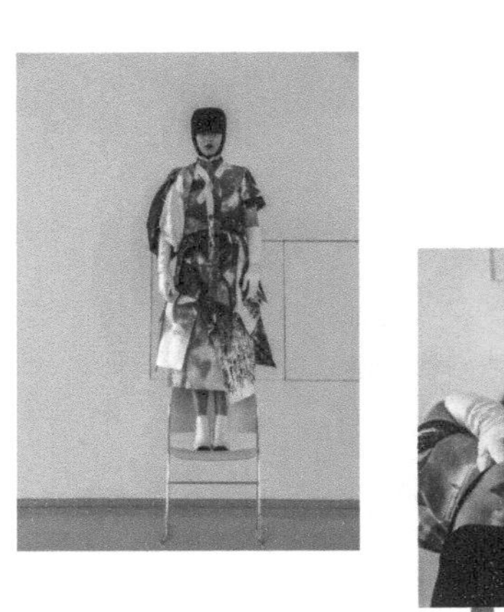

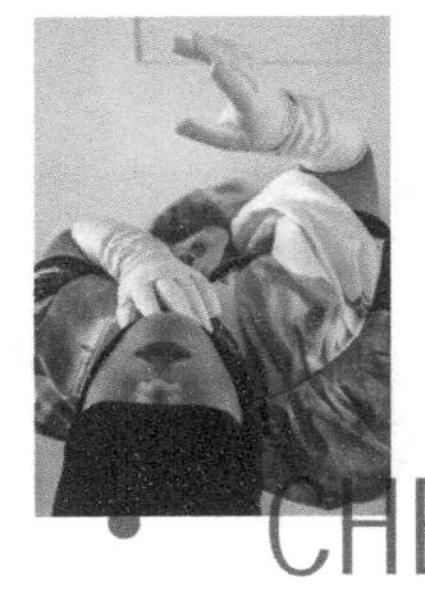

图 6-105 《窥镜》系列服装成衣效果 5（作者：陈莉）

图 6-106 《窥镜》系列服装成衣效果 6（作者：陈莉）

面料再造要符合大众的审美观。在当今社会，面料再造技术已经得到了广泛的应用，为了赋予服装新的活力，设计师要充分利用服装再造技术，发挥自身的主观能动性，将自己的理论知识和再造技术相互结合。同时，服装设计师要不断地丰富自己的知识，防止与社会脱节。面料再造工艺是通过不同的设计方案对面料进行独特的设计，充分发挥面料的优势。

面料再造设计和服装设计再造是相互联系、密不可分的。就目前市场情况来看，服装市场活力减弱，出现了陈旧化的趋势，这种态势不利于服装行业的发展。如今服装设计师缺少创新的灵感和思想，为了方便工作不再对服装进行原创设计，使市场上出现了服装抄袭现象，原创服装在市场上大量减少，复制服装横行，这些现象严重阻碍了服装设计师和服装市场的发展。设计师之间应该互相交流，通过交流找出自身的不足，从交流中碰撞出新的设计灵感，学习优秀设计师的理念，感受其他设计师的想法。在进行服装设计时坚守自己的初心，坚持原创，不偷盗他人的胜利果实。为使服装市场和服装行业重新振作就必须对此情况进行整改。面料再造赋予了面料新的面貌，服装设计师应该充分发挥面料再造在服装设计中的画龙点睛作用。服装设计师应该时刻谨记自己的初心，可以利用面料再造技术更好地服务消费者。

参考文献

[1] 李正，徐崔春，李玲，等. 服装学概论 [M]. 2 版. 北京：中国纺织出版社，2014.

[2] 王庆珍. 纺织品设计的面料再造 [M]. 重庆：西南师范大学出版社，2007.

[3] 赵洪珊. 现代服装产业运营 [M]. 北京：中国纺织出版社，2007.

[4]（英）克莱夫・哈里特，阿曼达・约翰斯顿 . 高级服装设计与面料 [M]. 衣卫京，钱欣，译 . 上海：东华大学出版社，2016.

[5] 宁俊. 服装生产经营管理 [M]. 3 版. 北京：中国纺织出版社，2006.

[6] 于建春. 服装市场调查与预测 [M]. 北京：中国纺织出版社，2002.

[7] 郭凤芝，邢声远，郭瑞良. 新型服装面料开发 [M]. 北京：中国纺织出版社，2014.

[8] 程煜，杜冰冰. “破损”牛仔服装设计及艺术审美 [J]. 设计，2018（01）: 104-105.

[9] 刘楠楠，陈琛. 服装面料再造设计方法与实践 [M]. 西安：西安交通大学出版社，2018.

[10] 李露. 插画创作中的少数民族服饰研究——评《皮革服装设计》[J]. 皮革科学与工程，2020，30(03):46.

[11] 有雯雯. 服装废弃面料的二次设计与再利用研究 [J]. 皮革科学与工程，2020，30(03): 88-92.

[12] 孙贝贝，胡越. 极简主义风格在服装设计中的应用 [J]. 时尚设计与工程，2017（05）: 1-5.

[13] 杨硕，刘卫东. “国潮”研究：潮牌文化与中国文化融合下的服装设计新趋势 [J]. 湖南包装，2020，35(02):102-106.

[14] 朱磊. 中国传统吉祥图案在服装设计中的应用 [J]. 西部皮革，2017，39（20）: 11.

[15] 刘静，刘霞. 服饰艺术面料再造 [M]. 合肥：合肥工业大学出版社，2017.

[16] 胡琼. 试析美术大师在画作中色彩运用的精妙设计——评《服装设计色彩搭配手册》[J]. 印染助剂，2017，34（10）: 70.

[17] 邓美珍. 现代服装面料再造设计 [M]. 长沙：湖南人民出版社，2008.

[18] 邓鸿滢. 拼接设计在环保牛仔服装中的应用 [D]. 上海：东华大学，2019.

[19] 李中元. 现代印染艺术在针织服装设计中的应用 [J]. 染整技术，2019（02）: 80-81，87.

[20] 陈依卓宁. 服装设计作品的著作权司法保护探析 [J]. 电子知识产权，2019（Z1）: 113-120.

[21] 于芳. 多穿型服装的构件与交互设计 [J]. 丝绸，2019（11）: 51-56.

[22] 袁博. 浅析拼接在服装设计中的应用 [J]. 大众文艺，2019（14）: 114.

[23] 李传文. 论服装设计形式美创造的基本原理与法则 [J]. 武汉职业技术学院学报，2019（01）: 98-103.

[24] 王智沛. 水墨与现代服装设计的对话 [J]. 江苏纺织，2019（07）: 55-57.

[25] 李丹，夏帆. "一衣多穿"在服装设计中的应用研究 [J]. 丝绸，2019（01）: 50-54.

[26] 梁惠娥. 服装面料艺术再造 [M]. 北京：中国纺织出版社，2008.